彩绘动物百科

动物原来是这样
浪尖儿上的鱼

张 岩 / 编著

上海科学普及出版社

图书在版编目（CIP）数据

浪尖儿上的鱼/张岩编著.-- 上海：上海科学普及出版社，2015.1
（动物原来是这样）
ISBN 978-7-5427-6138-5

Ⅰ.①浪… Ⅱ.①张… Ⅲ.①鱼类—普及读物 Ⅳ.①Q959.4-49

中国版本图书馆CIP数据核字(2015)第116215号

浪尖儿上的鱼

张 岩 编著

出版发行：上海科学普及出版社
邮　　编：200070
地　　址：上海市中山北路832号
网　　址：http://www.pspsh.com
经　　销：新华书店
印　　刷：三河市汇鑫印务有限公司
开　　本：720毫米×1000毫米　1/16
印　　张：8
字　　数：100千字
版　　次：2015年1月第1版
印　　次：2015年1月第1次印刷
书　　号：ISBN 978-7-5427-6138-5
定　　价：24.80元

目录

至死不屈的神秘鱼——欧氏尖吻鲛 1

鱼儿中的放电家族——电鲶 3

眼睛超大的鱼——后肛鱼 5

大爱无疆的"叛离者"——杜父鱼 8

像块大石头的淡水鱼——淡水蓑鲉 11

极不友善的猎食家——旗鱼 13

恩爱夫妻的典范——鞭冠鱼 15

不容冒犯的狠角色——蝙蝠鱼 17

鲨鱼们的老大——虎鲨 20

海洋里的刺猬——刺鲀 22

机智灵活的海洋智者——烟管鱼 24

最善于走夜路的江洋大盗——六间鱼 27

低调而繁华的鱼儿——似雀鲷 30

目录

会建房子的工程师——蓝曼龙鱼 ………… 32

永不停息的勇敢者——金枪鱼 ………… 35

与海葵同舞的少女——少女鱼 ………… 38

会干农活的鱼——玉筋鱼 ………… 41

喜欢晒太阳的家伙——黄金鲹 ………… 44

能抓昆虫的飞鱼——斧头鱼 ………… 46

温柔的飞鱼——锯脂鲤 ………… 49

天生贪玩的爱情主义者——虎皮鱼 ………… 51

海洋里的歌唱家——蟾鱼 ………… 53

如胶似漆像鸳鸯——蝴蝶鱼 ………… 55

和睦相处的模范邻居——小丑鱼 ………… 58

海洋里的潜伏者——黑鱼 ………… 60

被称作"海洋之狐"的狡猾鱼——鳚鳅 ………… 62

目录

会做物理题的聪明鱼——射水鱼 64

最受不了欺负的鱼——箭鱼 67

好吃同类的终结者——带鱼 69

又一个海洋里的"懒汉"——鲫鱼 71

雌雄共体——苏眉鱼 73

喜欢恶作剧的魔鬼——蝠鲼 76

长着四只眼睛的怪鱼——四眼鱼 78

躺着钓鱼的鱼——鮟鱇鱼 80

低调的隐士——篮子鱼 82

懒惰的杀手——比目鱼 84

最不怕鲸鱼的鱼——沙丁鱼 86

表演杂技的小明星——金鱼 89

不挑食的红色鲫鱼——红鲫鱼 91

目录

夫妻恩爱的和平鱼——神仙鱼 93
注重亲情的家族——老鼠鱼 96
水里的穿山甲——南美后臀丽鱼 98
会女扮男装的霸道者——灰黄拟丽鱼 100
极富爱心的父母——红尾皇冠鱼 ...... 102
爱护幼子的格斗家——斗鱼 104
见机行事的原配——麒麟鱼 106
拒绝"一个人"的感性鱼族——太平洋鲱鱼 108
为异性献舞的小鱼——反游猫 110
善结防守阵形的鱼——淡水鳗 ...... 112
会拍马屁的观赏鱼——日本锦鲤 114
体型最大的淡水食人鱼——虎鱼 116
死尸也能传宗接代的神奇鱼——琵琶鱼 118
鱼类里的飞翔专家——燕鳐 120

浪尖儿上的鱼

动物档案

欧氏尖吻鲛

类目：软骨鱼纲鼠鲨目尖吻鲛科
体长：2~6米

至死不屈的神秘鱼

欧氏尖吻鲛的皮肤是半透明的，身体呈粉红色，体型中等偏上。它是一种深海鲨鱼，眼睛较小，长吻向前突起，两颌前移，形成尖尖的鸟喙状，从而可以有效地猎取食物。欧氏尖吻鲛的天敌较少，主要吃深海石头鱼、甲壳类等猎物。

● 隐居在海底的猎手

为了躲避海洋里的一切纷争，不受外界的打扰，欧氏尖吻鲛在选择栖息地的时候，真可谓是绞尽脑汁。寻寻觅觅，最后，它们将栖息地定在了阳光照射不到的深海，一般在200米水深处。栖息在这里很难被外界发现，又有足够的维持生命的食物，天敌也较少。欧氏尖吻鲛选择如此聪明的生活方式，真不愧为自我保护的高手。

● 发射脑电波干扰猎物

欧氏尖吻鲛捕猎时，会将自己的长吻尽量靠近海底，利用长吻里犹如电子感应器一般的装置，侦查猎物的种种情况。如果遇到庞大的天敌，它会释放出一种能够干扰思维的波率，使天敌处于短暂混乱期，趁此时机欧氏尖吻鲛马上溜走。有些猎物被欧氏尖吻鲛发射的脑电波干扰后，脑子处于一种混乱状态，此时欧氏尖吻鲛也不忙着出击，反正猎物一时半会是跑不掉的，它就先侦察一下四周有无抢食的，确认安全后才会上去捕食猎物。

动物原来是这样

●海底的鱼肉炸弹

欧氏尖吻鲛是世界上最难捕捉的鱼,为什么?据说它们体内有种"自动爆炸装置"。有些人出于好奇,捉住过一条欧氏尖吻鲛。被罩在渔网里的欧氏尖吻鲛也不挣扎,只是大口大口地喘气。人们以为它就这么认输了,却不知道它正在酝酿着一个疯狂的计划。它的肌肉能随着压力的变化而膨胀,短短几分钟后它全身的肌肉就会胀得鼓鼓的,随后"轰"地一声身体就炸成了碎片。大有:"宁为玉碎,不为瓦全"之势。

浪尖儿上的鱼

动物档案

电 鲶

类目：辐鳍鱼纲鲶形目鲶科

体长：50～60厘米

鱼儿中的放电家族

电鲶呈圆筒形，头尖，眼睛小，嘴部长有三对须，体型较大，全身呈粉红色，身体表面没有鳞片。电鲶是一种凶猛的夜行鱼，白天很安静，主要在夜晚、阴天活动，凭借嗅觉和触须捕食其它鱼类，如鲫鱼、鲤鱼等。它喜欢生活在水温为20～25℃的水域中。在4～6月产卵期中，雄性将雌性产的卵含在嘴里孵出小电鲶，在这段时间不能进食。

●接近我就电死你

电鲶是一种夜行性鱼类，白天在阳光的照射下，它们会不知所措，但是到了晚间，它们就变成鲶鱼中的暴君，只要是视野之内的生物都会受到它们的袭击。它们强有力的肌肉能释放出300~450伏特的电压，可以说能让其它生物一触即死。虽然它们放电没有电鱼之王电鳗的威力那么强大，但是也毫不逊色。电鲶放电的主要目的有两个，一个是为了捕获食物，让自己生存下去；另一个就是为了防御敌人，保护自己。

●地震的小小预测员

恐怖的地震场面，令所有的动物都不寒而栗，可电鲶却丝毫不怕，因为它们从没见过地震。在地震来临之前，电鲶就能够通过释放电流，侦查到地震的方向以及地震的强度。如果是个小地震，那就无所谓了，不妨碍正常的生活；如果是个大地震，那么电鲶就可以通过

动物原来是这样

电流提前对地震做出预测:"我的乖乖,这可是个六级的大地震啊!等等,电流表指示这只是大地震前的小地震?不行,我得赶紧跑,远离这个是非之地。我可爱的亲们,拜拜!来年周年我给你们烧纸钱啊!"

● 我可是干电池的祖师爷

发电器最主要的枢纽,就是器官的神经部分,电鲶能随意放电,放电的时间和强度都可以自己掌握。电鲶可以通过自己发出的电流击毙水中的小鱼、小虾以及其它的一些小动物,是一种很好的捕食和打击敌害手段。从电鲶的放电特性中受到启发,人们发明了能贮存电的电池。人们在日常生活中所用的干电池,在正负极间放糊状填充物,就是受电鲶发电器里的胶状物启发而改进的。

浪尖儿上的鱼

动物档案

后肛鱼

类目：辐鳍鱼纲鲑形目后肛鱼科
体长：约10厘米

眼睛超大的鱼

后肛鱼的身体呈褐色，体侧和腹面长着容易脱落的大而薄的圆鳞。它的身体呈长椭圆形，腹部平坦。后肛鱼的眼睛是一个望远镜，视网膜很大，能够观察到四周的情况。后肛鱼的肛门后有一个大的腺体，含有能够发光的细菌，光线遇到腹部的特殊细胞，能够扩大后肛鱼的身影。

● **法眼一看，就知道你不怀好意**

有些善于偷袭的天敌，经常躲在暗角处准备偷袭后肛鱼，可它们的一举一动都休想逃出后肛鱼的法眼。后肛鱼的眼睛能够观测到侧方和斜下方的状况，比如猎物从侧后方来袭，还以为这样的角度偷袭成功率高，但是在后肛鱼看来，这和在正前方并没有什么差别。天敌还没赶到，后肛鱼早就逃之夭夭了。

●我的特殊捕食法

后肛鱼的眼睛就像筒状望远镜,并且呈垂直状态分布,十分适合向上侦察。后肛鱼在捕捉猎物的时候,会将此优势发挥到极致。在那铜铃大的"望远镜"的帮助下,后肛鱼发现了猎物之后,就会慢慢地游到猎物身边,选择从猎物下面发起突然攻击,而不是背后偷袭。这让游在水中的鱼儿防不胜防,稍不留神,就成了后肛鱼的腹中之物。

浪尖儿上的鱼

●看我移形换影

虽然后肛鱼的身子很小，但见了大型的天敌却从不胆怯。当它遇到天敌时，就会催动自己肛门后面的一个腺体，腺体会发出光，光照射在它的腹部，与腹部上的一种特殊物质结合，瞬间就扩大了它的身影。从天敌的角度来看，天敌会以为后肛鱼是一个庞然大物，其实呢，这只是后肛鱼利用光学原理将自己的身影放大了不知多少倍。有了这种聪明又奇特的本领，后肛鱼可以在海洋里自由地穿梭，不惧怕任何敌人。

动物原来是这样

杜父鱼

类目: 辐鳍鱼纲鲉形目杜父鱼科
体长: 10~60厘米

大爱无疆的"叛离者"

杜父鱼的种类有很多,主要生活在北半球,是一类在咸水和淡水中都能找到的小鱼。杜父鱼的体型呈亚圆筒形,头大且扁,向尾巴方面渐渐变小。吻圆钝,眼睛较大,口较大。胸鳍较大,就像一把打开的折扇,身上没有鱼鳞。杜父鱼很"懒惰",通常不喜欢游动。

● 绝不涉足案发现场

很多鱼类能够通过敏锐的嗅觉察觉危险的存在,杜父鱼也不例外。比如,一条杜父鱼一不留神被海鸟抓住了,海鸟在托起杜父鱼的时候,杜父鱼一个鲤鱼打挺,脱离了魔爪。可不幸的是,这条杜父鱼还是被海鸟的利爪抓伤了肚皮。杜父鱼的伤口便染上了海鸟身上的气味。周围的杜父鱼一旦闻到了这种气味,会立刻远离这个"死亡禁区",即便多日之后途经这片海域,杜父鱼宁可绕着游,也绝不涉足半步,因为它们知道这里曾经发生过流血事件。

● 就是让你抓不住我

杜父鱼睡觉的时候,一般选择躲在石头的背后。这样,一旦有风吹草动,杜父鱼就可以马上将自己的身体紧贴在石头的后面,悄悄地观察周围的一举一动。如果是天敌来袭,它们会贴着石头的石壁缓缓地移动。有时候,它们还会采取跳跃式的逃跑方式,从这块石头蹿到另一块石头。即便被天敌发现了也没关系,无论猎物怎么进攻,杜父

浪尖儿上的鱼

鱼都会以石头为中心进行躲避。石头的存在最起码能起到保护杜父鱼一半身体的作用。天敌忙了半天,还是没能将杜父鱼驱赶出来,最后累个半死,便垂头丧气地离开了。

● 轻轻松松从深海冲到海面

若是身体构成和大多数鱼类那样,那么,杜父鱼也很难从海底一直浮到水面,因为这之间巨大的压力差使鱼鳔很难有效地工作。为了完成这项运动,杜父鱼毅然决然舍弃了全身的肌肉,身体主要由凝聚胶状物质构成,这种物质的密度比水的密度小很多。因此借助身体的浮力,它们轻轻松松地完成了其它鱼类难以完成的直接从海底到海平面的跨越。

动物原来是这样

● 一切只是为了孩子

当雌杜父鱼和雄杜父鱼产下卵，雌杜父鱼就会迅速趴在鱼卵上，调整好姿势，使卵完完全全被自己的身躯所掩盖，可以从自己身上感受到温暖。确定自己的姿势正确了，杜父鱼妈妈就会一动不动地趴着，极为耐心地等待孩子孵化出来的那一刻。杜父鱼妈妈对孩子还真是呵护有加呢！

● 是不是亲生，爸爸都一样爱

雌杜父鱼总是选择在一块平坦的石头上产卵，产卵后，雌杜父鱼会一步不离地守候着鱼卵，只在捕食期间离开鱼卵。有趣的是，雌杜父鱼在离开时，总是会找一条雄杜父鱼来看守鱼卵。不管是不是亲生孩子，雄杜父鱼都会像对待亲生儿女一般照顾鱼卵。有人做了个实验，将看守鱼卵的雄杜父鱼捞走，没想到马上又游过来一条雄杜父鱼，主动承担起临时爸爸的职责。

人们不断捞走新的雄杜父鱼，还会有第二条、第三条、第四条……源源不断地游过来看护新生命。多么强的群体意识啊！也正是如此，才保证了鱼卵的正常生长，保证了杜父鱼的种族延续。

浪尖儿上的鱼

淡 水 蓑 鲉

类目：硬骨鱼纲鲉形目鲉科
体长：约30厘米

像块大石头的淡水鱼

淡水蓑鲉身上有褐色、白色和红色的竖条纹，鳍呈扇形。它是一种掠食性鱼类，有些属种的颜色艳丽，身上的毒性很强。面对敌人的时候，它们展开宽大的鳍，鳍尖上有棘突，会迅速将毒液注进敌人的身体。

● 我并不是一块石头

动物世界的伪装诱敌之术层出不穷，花样繁多，不过大都是借助周边的环境来掩饰自己。然而，淡水蓑鲉却大大不同。它们仅仅依靠自己的身体，就能伪装得极为完美。它们蜷缩着身子，将头部和身体的尖刺遮掩起来，待在水底，一动不动，无论从近处还是从远处看，就像是一块块普普通通的石头，淡水蓑鲉伪装技术可谓已经登峰造极。若你真的将它们当成石头，不小心触碰到它们，那么吃了亏可就怨不得谁了。

● 威胁恐吓那可是家常便饭

淡水蓑鲉总是一副淡然的样子。即使在天敌面前，它们也能保持镇静，甚至没有闪躲的意思，因为它们有绝招。遇到天敌的时候，它们会极为淡然地待在原地，将身上的鱼鳍全部展开，露出自己极为锋利的尖刺，向对手展示出自己的威力，透露出"要想吃掉我，就先解决我身上的刺"的信息，使对手只得无奈地望着它们，却不敢逾越一步，最后只能灰溜溜地离开，而淡水蓑鲉则悠哉悠哉地继续游动着。

●心急吃不了热豆腐

"心急吃不了热豆腐"这个道理淡水螔螺也知道,它们将自己伪装成静止不动的石头,非常耐心地等待着猎物上门。即使猎物已经出现在视野之中了,它们也依旧不为所动,继续耐心地等待。因为它们知道,贸然出击很可能导致失败。因此,直到猎物游到自己的攻击范围内,确保万无一失了,它们才会卸下伪装,对猎物发起突袭,一击制敌。

浪尖儿上的鱼

动物档案

旗　　鱼

类目：辐鳍鱼纲鲭亚目旗鱼科

体长：约3米

极不友善的猎食家

旗鱼的身体很长，稍微侧扁，吻尖长，呈枪状。它的背鳍宽大如帆，体色多变，主要有红、淡黄、蓝、紫红等颜色。在旗鱼青褐色的身躯上，零星点缀着灰白色的斑点，这些圆斑呈纵行排列，远远看上去就像是一条条圆点线。

● 我拥有折叠的快游加速器

为了成为游泳冠军，聪明的旗鱼将自己进化得尽善尽美。它们的背上有一个细长宽大的背鳍，乍看上去，旗鱼的背鳍与其它鱼类没什么两样，可旗鱼的背鳍是可以折叠的。平常的时候，旗鱼会打开自己的背鳍，让背鳍露出水面游行，背鳍就像一顶船帆，受风力的驱使，旗鱼游动起来非常省力。一旦需要快速行进时，旗鱼就会收起"船帆"，贴在背上，减小阻力，就像离弦之箭一样在海洋中穿梭，这对它们的逃生或是捕食都有着莫大的帮助。

● 捕食沙丁鱼有绝招

旗鱼最拿手的就是捕捉沙丁鱼。要知道沙丁鱼的数量相当巨大，如果旗鱼一条一条地逮，就是逮个3000年也逮不完。不过旗鱼有自己的办法。几条旗鱼同时行动，在沙丁鱼的四周来回游弋，用它们那把酷似利剑的长吻恐吓沙丁鱼，如同几个巡视的夜叉一般。在旗鱼的恐吓下，沙丁鱼群的范围越缩越小，逃跑的空间也被不断地压缩。等差

动物原来是这样

不多了，旗鱼们开始一个个俯冲向沙丁鱼群，因为有长吻在前面开道，所以它们不怕沙丁鱼群的撕咬。就这样，可怜的沙丁鱼就成了旗鱼的腹中之物。

● 不砸就是后悔的开始

捕获过旗鱼的人都知道，在拉旗鱼上船之前，都必须用重物猛击其头部。如果将其活生生地拉上船来，旗鱼会疯狂地晃动它头上的那把硬枪。左一晃，右一晃，谁也甭想接近它。最重要的是，旗鱼会一边晃动，一边慢慢地朝船边挪动，人们又不能靠近，只得眼睁睁地看着旗鱼重新跳进水里。

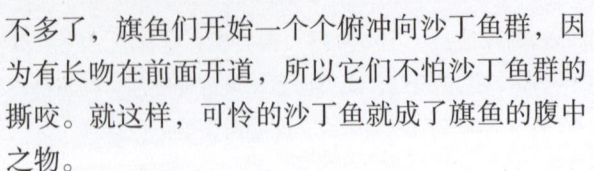

浪尖儿上的鱼

鞭冠鱼

类目：硬骨鱼纲鮟鱇目鞭冠鱼科

体长：1～6厘米

恩爱夫妻的典范

鞭冠鱼的体色为黑色，雌鞭冠鱼的钓竿前端长着一个发光器官，好像提着一盏灯。雄性鞭冠鱼比雌鱼小，寄居在雌鱼的身上生活，一起捕食。

● 我们是光明使者

雌鞭冠鱼钓竿前端有个发光器，就好像一盏灯，而它的身体又和黑夜是同一种颜色。所以，它们常常不动声色地到处悠闲漫步，以此来吸引好奇心比较强的鱼儿。当经不住诱惑的鱼儿靠近它们的时候，它们就会立即出击，以迅雷不及掩耳之势将对方拿下，然后美美地享受一顿大餐。

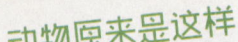
动物原来是这样

● 夫妻搭配 工作需要

鞭冠鱼夫妻称得上黄金搭档，丈夫寄生在妻子的身体上。出门捕猎的时候，小两口更是分工明确，雌鞭冠鱼依靠头上的发光器照明，将猎物引诱过来，雄鞭冠鱼则等猎物靠近，用自己那锋利的牙齿扯住猎物。有时候猎物实在太强大，雌鞭冠鱼赶忙咬住猎物的尾巴，夫妻俩同心协力，跟扯大锯一样死死咬住猎物不放，直至猎物断了气，夫妻俩这才安心地享用起美食。

浪尖儿上的鱼

动物档案

蝙蝠鱼

类目：硬骨鱼纲鮟鱇目蝙蝠鱼科

体长：约10厘米

不容冒犯的狠角色

蝙蝠鱼的身体扁平，尾部短粗，头部宽大，呈三角形、平扁行或者圆盘状。它的吻较短或突出，眼大，口小，无假鳃。蝙蝠鱼的身体一般不长鱼鳞，而是长有大小不等的尖刺或颗粒状骨质突起。蝙蝠鱼的性情温顺，不会主动攻击其它鱼类。

● 我们的钓鱼技术很高明

蝙蝠鱼，竟然也会使用"鱼竿"，而且可以自由地收进拿出，实在是闻所未闻。它们的嘴上方，有着"钓竿"和肉质的"蠕虫"，当它们肚子饿了的时候，它们就让发光器散发出光芒，照亮"蠕虫"。等贪吃的鱼游过来，想吞食"蠕虫"之时，它们就可以快速地将"钓竿"收起，然后对着猎物露出凶狠的利牙，张口将其吞掉。

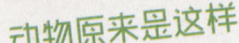

● 蹦蹦跳跳逃走喽

遇到危险，蝙蝠鱼一般不会逃避。它们努力做出各种表情，尽力展现出自己恐怖的一面，借此来吓跑敌人。可是如果敌人过于顽强，它们又难以击败，那么只有一条路——逃跑！因为平时用胸鳍和腹鳍来移动过于缓慢，在这千钧一发的时刻，它们使用了一种奇特的走法，那就是像青蛙那样快速地蹦跳。蹦跳不会引起水流的变化，要知道，几乎所有的鱼都是根据侧线对水流的变化来观察环境的。感知不到水流变化，自然也甭想抓住蝙蝠鱼。

浪尖儿上的鱼

● 斩草除根才能以绝后患

蝙蝠鱼非常爱整洁,如果它所生活的水域杂草过多,那么它就有得忙了。它不同于鹦嘴鱼。鹦嘴鱼不懂得"野草吹又生"的道理,每次只吃草茎,过几天杂草还是会长出来。蝙蝠鱼则要聪明得多,它会将草茎和草根一块吃掉。这样只要吃一次,几年内它的家里都不会再长出杂草。同样都是鱼,这就是聪明和愚笨的差距。

动物原来是这样

动物档案

虎 鲨

类目：软骨鱼纲虎鲨目虎鲨科

体长：约9米

鲨鱼们的老大

虎鲨的身体巨大笨重，呈椭圆形，头高近方形。它的身体呈黄色，带有黑色条纹，让敌人不敢轻易靠近。虎鲨的眼眶突起，眼睛较小，吻短而钝，牙齿尖利，能咬断和磨碎坚硬的物体。虎鲨是残暴凶狠的食肉动物，主要吃贝类、甲壳类等。

● 虽然视力不好但我找了帮手

虎鲨性格极其残忍，什么东西都吃，但是在它们的身边经常跟着一个小弟——领航鱼。这种鱼并非虎鲨的兄弟，更非它的同类，那为啥虎鲨不吃它们呢？原来虎鲨的视力不佳，十尺开外的东西都看不清楚。为了更好地生存，它们就为自己找了双眼睛——领航鱼。领航鱼会全心全意地为虎鲨服务，有时候，甚至还会跑到虎鲨的嘴里，帮助其剔除牙齿里的肉屑。两种鱼如影随形，领航鱼就是虎鲨最忠诚的伙伴。

浪尖儿上的鱼

●生下来、藏起来、塞进去

保证子孙后代安全地活下来是每一个种族的头等大事。别看虎鲨平常凶巴巴的,它的鱼卵可没少遭大白鲨这些自家兄弟的"光顾"。为了避免大白鲨这些嗜血狂迫害自己的后代,虎鲨想出了一整套安置鱼卵的办法。产卵的时候,雌性虎鲨会不辞辛苦地在海底摸索着,看哪里有螺旋状的贝壳。这种贝壳内部曲径通幽,即便是人类,也很难将手指伸进去,更何况大白鲨那些大老粗。虎鲨将卵产在贝壳里,甚至会将贝壳叼起来,丢进珊瑚礁的夹缝里,然后仔细看看,万无一失了,雌鲨鱼这才放心地离开。

动物原来是这样

刺鲀

类目：硬骨鱼纲鲀形目刺鲀科

体长：90厘米以下

海洋里的刺猬

刺鲀体型短而宽，头部和背部呈圆形，眼睛大，牙呈喙状。除了吻端和尾柄后部，浑身上下长满了坚硬的长棘，模样真像是陆地上的小刺猬。它的尾部短小，呈圆锥状。刺鲀上下颌的牙齿连在一起，形成了一个大牙板，能够咬碎坚硬的贝壳。刺鲀不擅游泳，只能做短距离的运动。

● 吸足气，让敌人远离我

当刺鲀遇到天敌的时候，它们就会迅速游向水面，深深地吸上一口气，刺尖充满了空气，刺鲀的身体立刻就会膨胀起来成为一个肉刺球。你是敌人你咬不咬，不咬，那人家就白白地跑掉了；咬吧，肯定能把你的舌头扎个稀巴烂。什么？想等它漏了气再咬？它的气足着呢，看来你没有机会了。

● 小鱼吃我就是自讨苦吃！

刺鲀的生存环境很恶劣，除了大型动物喜欢吃它们，那些小型动物也想来咬一口。幸好，刺鲀早就想好了对付小型动物的方法。你想吃我，行，那我就先让你得意一会儿。于是，小型动物美美地将刺鲀吃下肚，自以为享受了一顿大餐。谁知，刺鲀一旦下了肚，它就会把自己的身体膨胀起来。小鱼的肚子是又胀又疼，难受得撒泼打滚，不得不把刺鲀吐出来，灰溜溜地逃跑了。最重要的是，这些受过伤的小鱼以后见到刺鲀就躲得远远的，摇摇头说："还是算了吧。"

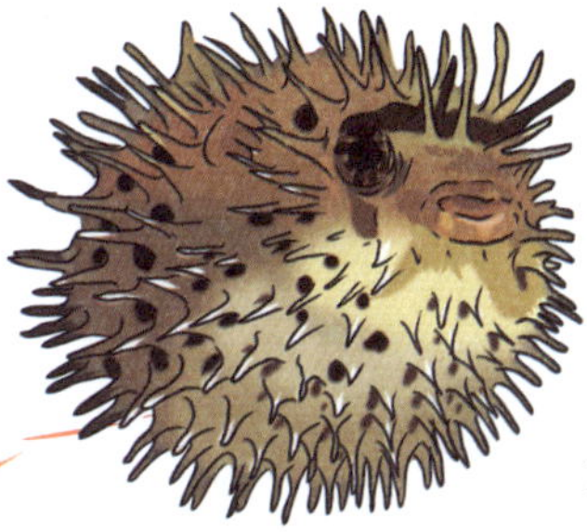

浪尖儿上的鱼

● "手拉手，心连心"式防御体系

个体的力量往往是有限的，一只刺鲀即便拥有硬刺，可时间一长，能量消耗得差不多了，硬刺就会软下来，所以它们经常集体活动。如果在这期间遇到了敌人，一大群的刺鲀则将硬刺挺起来，大家一个挨着一个，整整齐齐地组成一个超大型的肉刺球。这样的肉刺球不但能防御敌人的进攻，而且还可以对敌人起到巨大的威慑作用。想象一下，一个房子般大小，满身都长满了刺的大怪物站在你面前，这是何等壮观啊。这要是突然滚过来，那还不将你压成肉酱。

动物原来是这样

动物档案

烟管鱼

类目：硬骨鱼纲刺鱼目烟管鱼科
体长：45~70厘米

机智灵活的海洋智者

烟管鱼的身体扁长，全身裸露，无鳞片覆盖，表皮下有硬板。背侧为绿色，腹部为灰白色，有蓝色的斑点。吻突出，呈长管状，口在吻管顶端。烟管鱼栖息在浅水区，喜欢藏身在石头缝隙中，借机捕捉小虾、小鱼等。

● 最危险的地方才是最安全的

烟管鱼的栖息地总是在一些浅水区。按常理说，在浅水区栖息更容易被渔人捕捉才是，不过聪明的烟管鱼对自己的身体条件做出了正确的评估，浅水区虽然有危险，但这里怪石嶙峋，这就是天然的屏障啊。烟管鱼的身体非常娇小，这样即便来了渔人，它也能利用娇小的身材藏身于怪石的夹缝之中，而且这种浅水区是那些大型鱼类根本不可能涉及的区域。浅水区对别的鱼类来说危险，对烟管鱼来说却再安全不过了。

● 早就跟你说过了，做鱼要低调

海底危险防不胜防，所以呢，要想活得潇洒，就必须保持低调。烟管鱼们深谙此道，所以多半单独或三两成群，很少游动，加上体色不鲜艳，不容易被敌人发现。只有保持低调，才能应对各种局面，又可以捕捉猎物。

浪尖儿上的鱼

●看我"吸管"真功夫

烟管鱼有着独一无二的长嘴巴,如同烟杆一般。这么怪异的嘴巴,连锋利的牙齿也没有几颗,攻击力又低,烟管鱼究竟如何捕食填饱肚子的呢?烟管鱼可不着急,它们有办法。它们在水中缓缓游动,等待小虾和小鱼的到来,一旦猎物出现在眼前,它们也不会心急,而是灵活地绕着猎物游动,挑选一个最为适合的角度,然后伸出自己长长的嘴巴,用力一吸,借助吸力,将小鱼、小虾吸进自己的嘴里,吞进肚子中。

动物原来是这样

● 来无影,去无踪

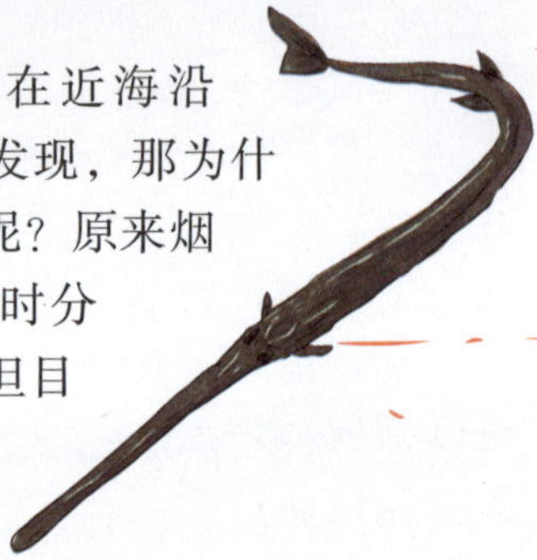

烟管鱼们生活在近海沿岸,极易被渔夫们发现,那为什么它们不易被捕捉呢?原来烟管鱼不集群,捕食时分散行动数目虽多,但目标很小,渔人一般很难摸清楚烟管鱼的行踪,所以不易被捕捉。

浪尖儿上的鱼

动物档案

六 间 鱼

类目：辐鳍鱼纲鲈形目慈鲷科

体长：30～50厘米

最善于走夜路的江洋大盗

六间鱼的背弧较高，腹弧较平，背鳍宽大。全身呈红黄色偏红，有6～7条黑色横带，排列整齐，彼此之间距离相等。六间鱼的各鳍都是鲜红色。它生性暴躁，特别是处在产卵期时，可不要随意去招惹它。

●生完孩子再走

每年到了繁殖期，所有的雄性六间鱼都忙着找自己的伴侣。伴侣好找，生孩子可就费劲了。每次雄六间鱼都要在巢里钻个五六次，雌六间鱼才能看清楚路。不过这雌六间鱼可不老实，产卵产到一半就要拍屁股走人，这种煞风景的事，雄六间鱼怎么肯干。雄六间鱼赶忙追上雌六间鱼，将身体横在雌六间鱼面前，慢慢地把雌六间鱼往巢里赶，有些雌六间鱼脾气倔，就是不肯就范。没办法，即便是落下难听的名声，雄六间鱼也绝不放雌六间鱼走。想走可以，要把孩子留下。

动物原来是这样

●我干的是半夜灭门的行径

六间鱼总是给人一种从容华贵的感觉,可这从容的背后却暗藏杀机。它不会像其它鱼类那样追击猎物。它每天都盼着太阳早点落山,夜幕来临才是它施展拳脚的时候。因为它对猎物们的休息地特别熟,每到深夜,它就悄悄地潜入猎物们的栖息地,趁猎物们都进入了梦乡,给它们来个突然袭击。它看中的猎物,几乎都在一夜之间惨遭灭门。有时候它们临走还不忘把猎物的鱼卵当成"小吃"带走。那些可怜的小鱼,最后落得个断子绝孙的下场。

浪尖儿上的鱼

● **单身就得给已婚鱼儿腾地方**

六间鱼一般并不霸道,即便和其它鱼类混养,也能与其它鱼类相安无事地生活。可一旦雄六间鱼有了老婆产了卵,性情则完全大变。别说是其它小鱼了,就是同种伙伴它们也不放过。有了东西争着吃,睡觉的时候把别人往外面挤,搞得其它鱼坐卧不宁,没一会儿安生的。六间鱼这样做目的只有一个:我结婚了,其它鱼都给我腾地方,不把你们挤兑走,我就不姓六。

动物原来是这样

似 雀 鲷

类目：辐鳍鱼纲鲈形目雀鲷科

体长：30厘米以下

低调而繁华的鱼儿

似雀鲷的体型较小，身体侧扁，呈椭圆形。它们生性胆小，喜欢集体行动，栖息在岩石洞穴中。

● 凝聚力才是我们生存的关键

我们常常能看到在水流湍急的海域里，总有那么一大群密密麻麻的小鱼，浩浩荡荡地在水里游荡，时而转身，时而变换队形，不知情的人一定以为那是它们在炫耀自己的美呢。我要告诉你，你错了。似雀鲷其实是一种很胆小的鱼，所以平时它们都是以大家族的形式群居生活。一旦发现危险，领头的鱼就会立刻调转方向，带领其它的同伴寻找安全的庇护所，以最快的速度隐藏好自己。

● 保家卫国至死不渝

在小小的似雀鲷心里，家是不容侵犯的神圣之地。别看它们生性害羞，平日里喜欢和伙伴们躲在礁岩洞穴中，就以为它们是好欺负的了。一旦敌人侵入了它们的地盘，它们就会争相啄咬敌人，并且把敌人赶出去。哪怕敌人比它们大上好几倍，它们也不怕。因为它们都有一个共同的信念，那就是保卫家园。

浪尖儿上的鱼

●自信的鱼儿

都说似雀鲷软弱无能,离不开礁岩洞穴,离不开同伴,好像单独生存便活不下去了似的,其实,它们还有一项本领,那就是很多鱼都幻想的跳跃。而且它们能够跳出自己身体几倍的高度。当纤细秀美的身躯跃出水面的时候,似雀鲷就好像脱胎换骨般,拥有了自信。敌人来了它们有自信"飞走",主人来了它们有自信"争宠"。阳光照在它们的背鳍上,背鳍上泛着亮丽的金光,煞是好看。

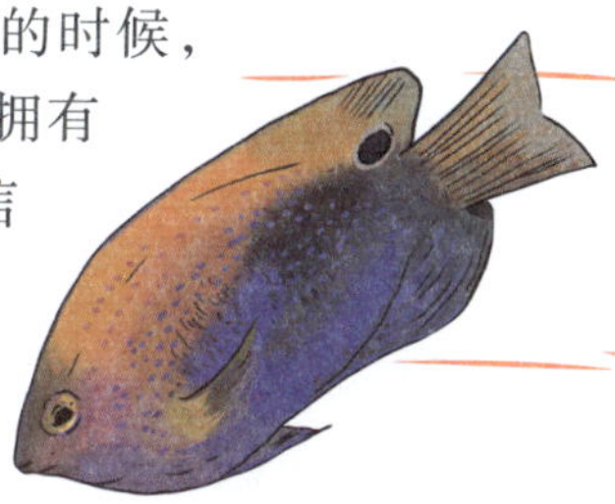

动物档案

蓝曼龙鱼

类目：辐鳍鱼纲鲈形目斗鱼科

体长：10～15厘米

会建房子的工程师

蓝曼龙鱼体型呈椭圆形，体色为天蓝色，身体表面布满了深蓝色的花纹。雄鱼的体色鲜艳，背鳍末端尖长，雌鱼体色较淡。蓝曼龙鱼的腹鳍退化成长丝状物，身体上有三块鲜明的黑色圆斑，就像三颗星星，所以被赞为"三星鱼"或"蓝三星"。

● 捕食也要量力而行

蓝曼龙鱼与那些一看到猎物出现就立马攻击、丝毫不顾及自身的鱼类不同，它们知道适可而止。它们的食性很杂，上至水蚤、饵料，下至虾蟹籽粒都不放过。不过，当看到自己的小嘴吞不下或者自己的身体无法消化的小鱼的时候，即使面前的猎物再可口，表现得再毫无防备，它们也不会去袭击，它们宁愿饿着肚子也不出手。因为它们知道吞食这种猎物会让身体感到不适，那种滋味并不好受。

● 以大欺小本来就是我们应该做的

蓝曼龙鱼很温和，拒绝弱肉强食的残忍法则。当主人将它和其它的鱼类混养在一起时，开始它们表现得极为绅士，绝不捕食体型比它们小一号的鱼类。但久而久之，就不那么好相处了，以大欺小的事情经常发生。将其它的鱼类逐出自己的领地，好的东西，它们要先吃，氧气足、水质好的地方它们先待，不去捕食其他观赏鱼，在它们看来已经是很客气了。

浪尖儿上的鱼

●构筑自己的泡沫"新房"

与其它种族的雄鱼一样,雄性的蓝曼龙鱼负责筑造自己的"新房"。在水族箱之中仔仔细细地寻觅,直到找到自己满意的位置,它们才开始不断地向上浮起,努力地吞咽空气,再沉入水底,绕在大叶水草旁,努力地吐出泡泡。它们不断重复着这个动作,来建造"泡沫浮巢"。此时,看到雄鱼这么努力,雌鱼虽然总是静止不动的模样,不过却时不时地绕着"新房"游动,似乎是在鼓励雄鱼。

动物原来是这样

● 为了讨老婆，舞蹈必须优美

等到要产卵的时候，便是蓝曼龙鱼大大展现自己魅力的时候了。它们将自己身上的肤色迅速从艳蓝色变成墨绿色，显得美丽无比。看到美丽的雌鱼正慢悠悠地游动，雄鱼便飞快地游到雌鱼身边，全身痉挛，显得极为兴奋。绕着雌鱼，雄鱼在雌鱼面前展现自己一个又一个动人的舞姿，展现着自己狂热的爱，直到雌鱼被打动了，它们才停下狂热的舞蹈。

浪尖儿上的鱼

动物档案

金 枪 鱼

类目：辐鳍鱼纲鲈形目金枪鱼科

体长：约5米

永不停息的勇敢者

金枪鱼长着一副鱼雷的外形，圆且粗壮，呈流线形，身体越向后越尖，尾鳍为叉状或新月形。金枪鱼的背侧颜色较暗，腹侧为银白色。金枪鱼有旺盛的繁殖能力，是一种热血鱼类。它们的食量很大，主要以螃蟹、鳗鱼、虾等为食。

●冲刺是我们的主旋律

金枪鱼知道自己的战斗力不强，为了逃避天敌的攻击，它们决定在速度上下功夫。于是，它们不断地训练自己的游泳速度。最终，功夫不负有心人。它们的游泳速度达到每小时30~50千米，最快速度甚至可以达到每小时160千米，比陆地上的猎豹还要快。因此，就算是大白鲨也无法超越金枪鱼的冲刺速度，这是金枪鱼保命的根本。

●生命在于不断地运动

金枪鱼游泳时总是开着口，使水流经过鳃部而吸氧呼吸。因为金枪鱼的鳃肌已退化，因此它必须不停地游动，使新鲜水流流过鳃部以获取氧气，所以它只能不停地持续高速游泳，即使在夜间也不休息，只是减缓了游速，降低了代谢更新，这也使它减少了被猎食者捕杀的几率。生命的意义在于运动，不是吗？

动物原来是这样

● 我们可是不折不扣的吃货

为了补充不停游动所造成的大量新陈代谢的消耗,金枪鱼必须不断地吃东西。500克重的金枪鱼,一餐要吃掉相当于其体重18%的食物,这相当于一个体重75千克的男人一餐吃掉两只大公鸡。所以,就算是奥运会运动员也没有它那么充满了爆发性和充满了韧性的肌肉。运动、多吃,成了金枪鱼生命的主旋律。

浪尖儿上的鱼

● 我们是真正的长途赛跑冠军

迅捷的速度、强壮的身体、永不停息的身影，让金枪鱼当之无愧地拥有了"无国界鱼类"的美称。它们一天可以游动220千米的距离，每一条金枪鱼的活动范围足有数千千米，整个海洋都是它们的乐园。它们是所有海洋生物中唯一能够进行超长距离旅行的鱼类，是海洋生物中真正的运动员。生命不息，运动不止。

动物原来是这样

动物档案

少 女 鱼

类目：辐鳍鱼纲鲈形目蝴蝶鱼科

体长：约10厘米

与海葵同舞的少女

少女鱼的吻突出，牙齿细弱。身上有四条深色的横带，沿着体侧的鱼鳞上有多条黄色纵线。它们主要以海绵、软珊瑚为食，很容易亲近人。

● 假眼斑就是保险

年幼的少女鱼虽然弱小，却能屡次逃脱敌人的袭击，这个要归功于它们背上的假眼斑。当遇到敌人袭击的时候，它们会将背上的假眼斑展示出来，让敌人以为那里才是它们的头部，等敌人转而攻击其它要害部位时，它们就趁这个空当迅速后退，以最快的速度逃脱。敌人以为袭击的是少女鱼的头部，实际攻击的只是它们的尾部。这些笨家伙因少女鱼假斑的迷惑而错失进攻的最佳时机，这就是聪明和愚笨的真实写照。

● 我们绝对是海绵的VIP

海绵是少女鱼天然的保护伞。夜里是少女鱼最懒的时候，它们也需要一个安全的洞穴作为自己的栖息地。聪明的少女鱼们就将目光集中在了海绵的身上，因为海绵是海洋里最常见的摆设，随处可见，如此常见的摆设往往不会引起敌人的注意。更重要的一点是，海绵的宽度以及长度，与少女鱼的身材非常匹配，让鲨鱼钻进去，还真是强人所难。而藏身于海绵中的少女鱼，可以毫无顾忌地睡个踏实觉。有这么多的好处，谁要是错过可真就是个大笨蛋了。

浪尖儿上的鱼

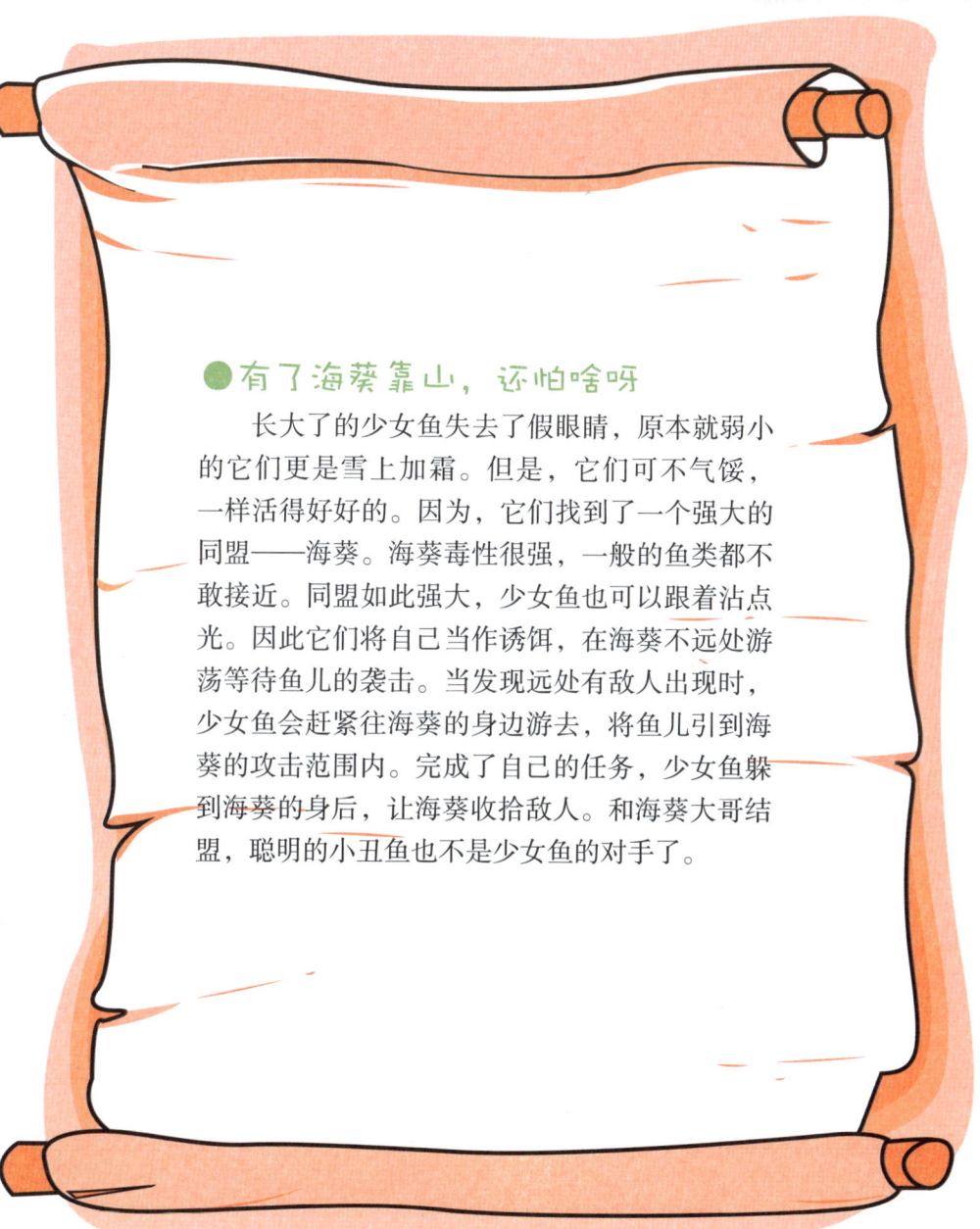

● 有了海葵靠山，还怕啥呀

长大了的少女鱼失去了假眼睛，原本就弱小的它们更是雪上加霜。但是，它们可不气馁，一样活得好好的。因为，它们找到了一个强大的同盟——海葵。海葵毒性很强，一般的鱼类都不敢接近。同盟如此强大，少女鱼也可以跟着沾点光。因此它们将自己当作诱饵，在海葵不远处游荡等待鱼儿的袭击。当发现远处有敌人出现时，少女鱼会赶紧往海葵的身边游去，将鱼儿引到海葵的攻击范围内。完成了自己的任务，少女鱼躲到海葵的身后，让海葵收拾敌人。和海葵大哥结盟，聪明的小丑鱼也不是少女鱼的对手了。

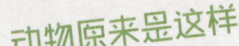

●蹭蹭蹭，为了保命必须蹭

海葵有剧毒，少女鱼有时候也不可避免会中毒。不过聪明的少女鱼发现了海葵身上自带着解药。在海葵身体的某个特定位置，会分泌一种特殊的黏液，这就是海葵剧毒的解药。发现了这个秘密后，少女鱼们每次接近海葵前，都会先用身体去蹭海葵的解药。解药涂遍全身，即便再被海葵的触手碰到，它们也不必担心中毒身亡。

浪尖儿上的鱼

动物档案

玉 筋 鱼

类目：辐鳍鱼纲鲈形目玉筋鱼科

体长：10~20厘米

会干农活的鱼

玉筋鱼的体型细长，稍扁，体色为半透明的青灰色或乳白色，背鳍较长，腹鳍退化。下颌较上颌突出，上下颌齿细且呈绒毛状；锄骨和腭骨都没有牙齿。鳃盖膜分离，不和喉峡部相连。玉筋鱼对水温的要求很高，一旦水温高于20℃，它们便会躲在沙里，停止觅食。

● 热了就在沙子里凉快凉快

　　玉筋鱼能够在其它鱼类极度害怕的温水前面不改色。当感觉到水温升高影响它们游动时，它们就会停止捕食。因为它们知道以自己现在缓慢的速度是很难逃脱在隐蔽处对自己虎视眈眈的天敌的，因此，它们会迅速离开原地，游到布满柔软沙子的区域，将自己严严实实地盖住，一方面可以用沙子将自己与温度过高的海水隔离，另一方面还可以掩藏自己的身躯，不被天敌发现。这简直是一箭双雕啊！

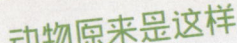

●挖沙也讲究技术要领

玉筋鱼喜欢钻到沙子中躲避风险或者隔离海水的热度。但是,它们是鱼,没有手,怎么能将厚厚的沙子挖开,将自己的身体埋藏起来?它们很巧妙地利用自己上下颌的不同厚度,因为下颌比上颌厚,并且有突起,因此它们将下颌当成挖掘沙地的铁铲,将沙子逐渐铲开一个小洞,可以容纳它们的身躯,然后它们就绷直身子,直接从小洞中钻进去,直到可以将它们的身体掩盖得严严实实为止。懂得使用工具的都是智者。

浪尖儿上的鱼

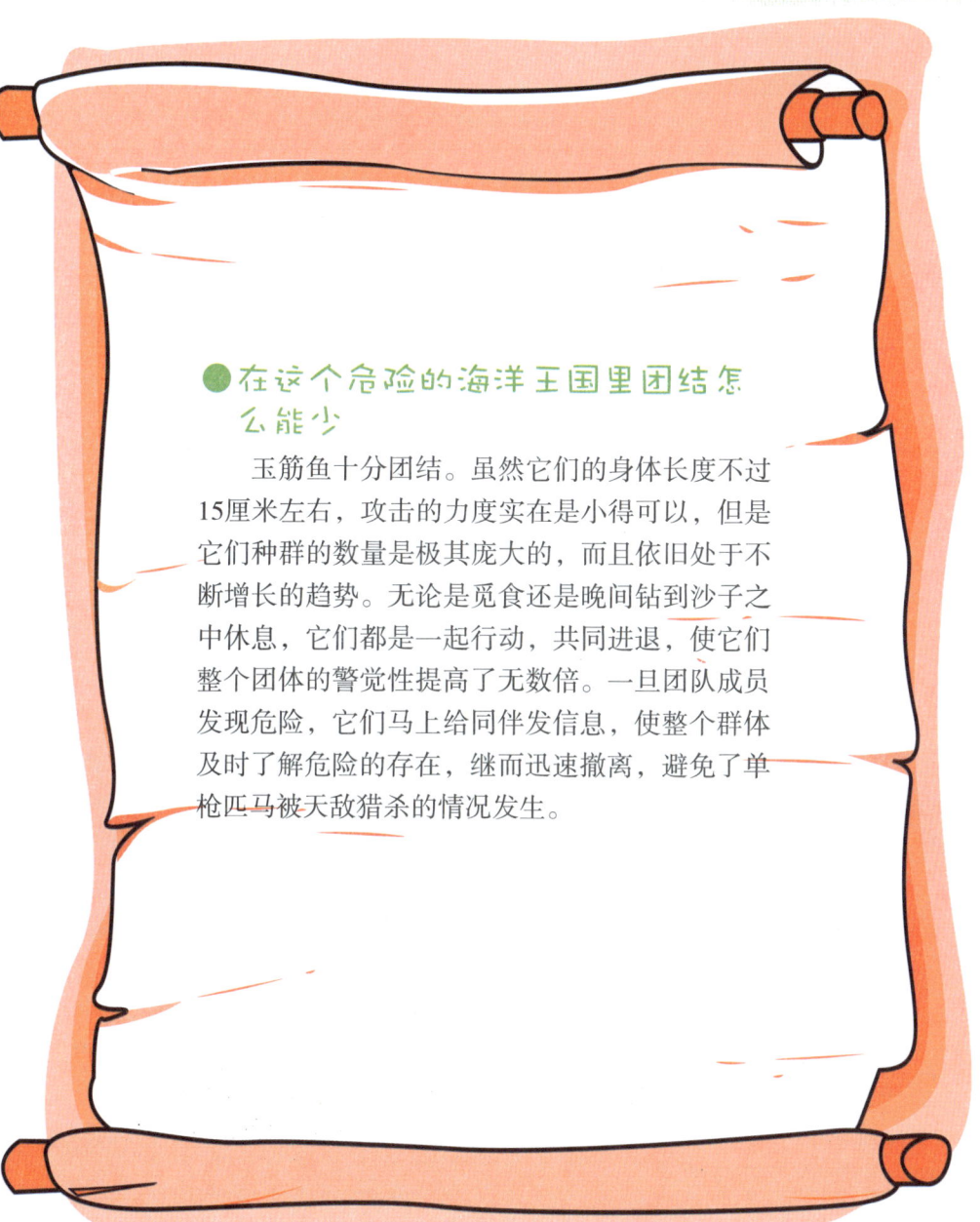

● 在这个危险的海洋王国里团结怎么能少

玉筋鱼十分团结。虽然它们的身体长度不过15厘米左右,攻击的力度实在是小得可以,但是它们种群的数量是极其庞大的,而且依旧处于不断增长的趋势。无论是觅食还是晚间钻到沙子之中休息,它们都是一起行动,共同进退,使它们整个团体的警觉性提高了无数倍。一旦团队成员发现危险,它们马上给同伴发信息,使整个群体及时了解危险的存在,继而迅速撤离,避免了单枪匹马被天敌猎杀的情况发生。

动物原来是这样

黄　金　鳉

类目：鳉形目鲤齿鳉科

体长：10~12厘米

喜欢晒太阳的家伙

黄金鳉的雄鱼通体闪耀着金黄色的光芒，光彩夺目。俗话说美丽的玫瑰多带刺，其耀眼的色彩恰巧是性格的体现，强悍却并不温顺，时常对同伴进行攻击性的行为。

● **大嘴带来的惨剧**

黄金鳉生活中总是显出一副凶神恶煞的模样，一张裂开的大嘴，在水里肆无忌惮。好斗的黄金鳉总是欺负其它鱼类，害得其它鱼都躲得远远的。其实它们可委屈了："明明我的嘴就是这么大嘛，为什么却不能吞下同样的食物呢？"

● **晒出我的夜晚暖披风**

都说多晒太阳就相当于吸收钙元素，这个道理黄金鳉也是知道的啊。南亚次大陆的阳光灿烂耀眼，闲时黄金鳉们最喜欢的就是游荡在水面，摇摆着它们漂亮的弧形身体，晃着鱼尾优哉游哉地享受着日光的抚摸，身上暖暖的充满力量。身体充满热量的小鱼才能抵挡住深夜大海的冰冷。

浪尖儿上的鱼

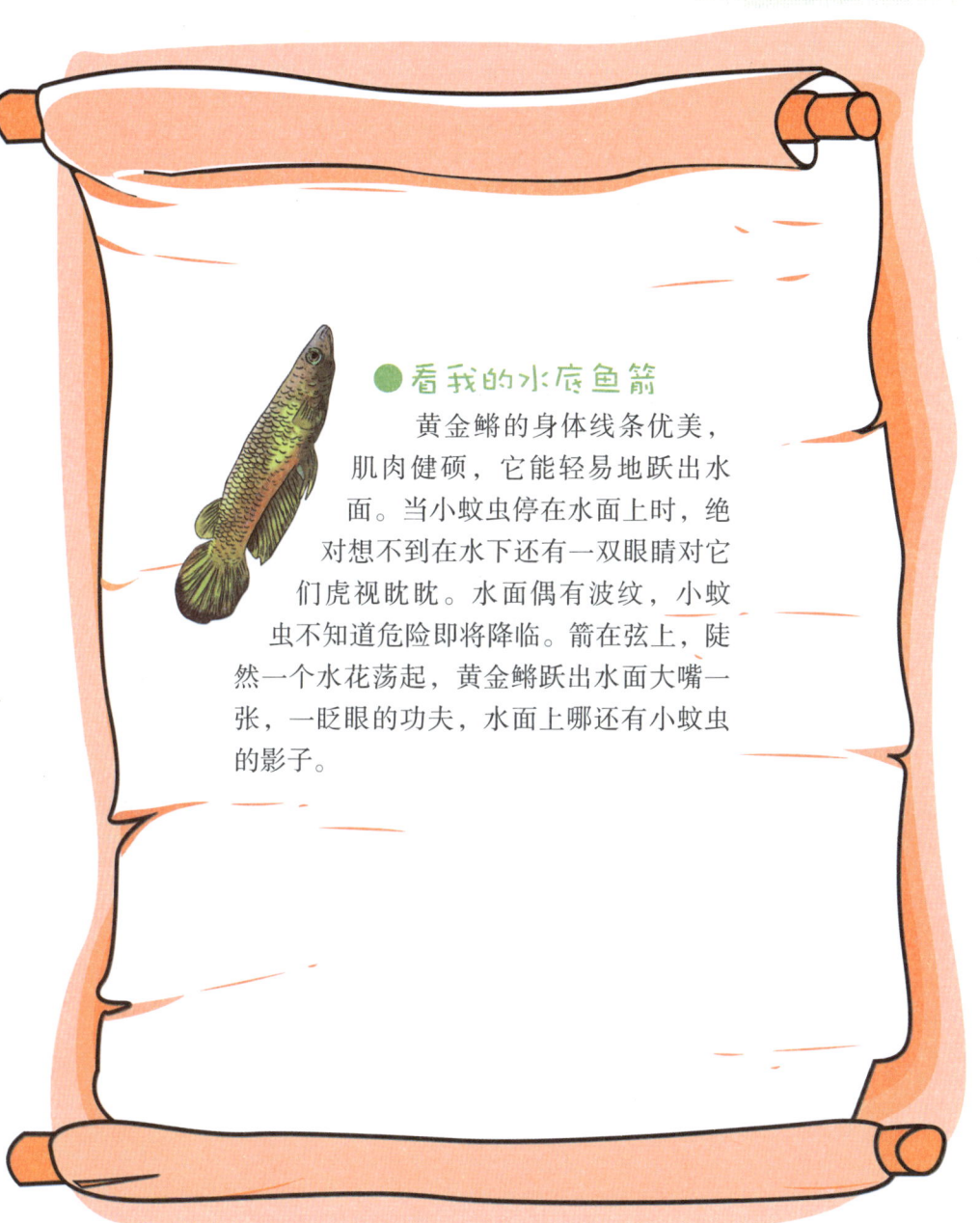

● 看我的水底鱼箭

黄金鳉的身体线条优美，肌肉健硕，它能轻易地跃出水面。当小蚊虫停在水面上时，绝对想不到在水下还有一双眼睛对它们虎视眈眈。水面偶有波纹，小蚊虫不知道危险即将降临。箭在弦上，陡然一个水花荡起，黄金鳉跃出水面大嘴一张，一眨眼的功夫，水面上哪还有小蚊虫的影子。

动物原来是这样

斧 头 鱼

类目：辐鳍鱼纲脂鲤目胸斧鱼科

体长：约10厘米

能抓昆虫的飞鱼

斧头鱼的外形如斧头，腹部突出，眼大。它们个头很小，喜欢群体生活，是一种能够"飞行"的鱼。斧头鱼性格温顺，一般不会对其它鱼类发动攻击。

● 看，鱼在空中飞

斧头鱼经常利用自己可以"飞翔"的特点来躲避敌人的追捕。当它们遇到难以凭借快速游动来躲避的天敌，它们就会施展自己的"飞翔"技能。它们迅速向前游，不断提升自己的速度，然后在自己运动的最快速度中，猛地一跃，飞离海面。在半空中它们快速地摆动着胸鳍，拼命往前，使自己在空中飞行的距离更远。等坠落到海里时，它们又继续重复刚才的动作，以不断飞着来甩开敌人，而后它们才会恢复原来的游泳姿势。能飞的鱼，一般都很聪明。

浪尖儿上的鱼

●想吃我就先闯过这道心理屏障

斧头鱼个子虽小，力量薄弱，但是它们的对手却很清楚，斧头鱼是不容小觑的。因为斧头鱼知道自己单枪匹马出去游荡的危险，所以，无论是觅食还是在水里游玩，它们都是成群结队的。一方面，一旦有一个同伴发现了危险，可以迅速发出信号，让大家早点撤退，避免因为自己的疏忽而被天敌偷袭得手；另一方面，它们团结起来，即便是声势也足以吓跑敌人。一条也许微不足道，一条条、一群群出现在你的面前，即便敌人心理承受力再强，面对这种情况也会胆怯起来。聪明的斧头鱼很准确地掌握了鱼儿们这样的心理，从而有效地保护自己。

动物原来是这样

● 我可是专门"劫机"的恐怖分子

斧头鱼会抓昆虫,一方面靠的是它的飞行能力,另一方面靠的是自身的观察能力。它们经常藏身于水面之下,而昆虫则时不时地蜻蜓点水般在水面上游荡。有时斧头鱼会在水下观察很长时间,观察昆虫的一举一动。如果昆虫处于相对静止状态,斧头鱼不会抓,这时的昆虫警觉性都是很高的。相反如果昆虫处于飞行状态,虽然飞行中的昆虫抓起来不方便,但这时的它们警觉性是最低的。斧头鱼凭借自己的飞行能力,一个跃身,就将昆虫给拽了下来。

浪尖儿上的鱼

动物档案

锯 脂 鲤

类目：辐鳍鱼纲脂鲤目脂鲤科

体长：20~60厘米

温柔的飞鱼

　　锯脂鲤是约20种淡水鱼的统称，大多数是素食锯脂鲤，主要以掉到河里的果实为食。少数肉食锯脂鲤，牙齿锋利，残暴凶狠。体色多为银白色，腹部具锯齿状，头大，牙齿尖锐，颌肌肉强健有力，能够撕碎猎物的皮，并咬断肉。

●必要的时刻要残忍

　　锯脂鲤可是动物界最讲义气的动物。在雨季，锯脂鲤与其它同类困在一起，随着食物越来越少，为了求生，有些鱼群会相互残杀。此时的锯脂鲤就占了上风，它们非常团结，即使同伴们在一起饿死也不会种族相互残杀。这时候它们会一起，围堵其它的鱼类。饿疯了的锯脂鲤瞬间爆发了它们的野性，两个同伴一起上，一个咬头一个咬尾。被咬的鱼甚至连挣扎的机会都没有就已经断气，只剩下一具白骨。锯脂鲤真是鱼中的战斗机。

●别看我凶其实我是好爸爸

　　雌锯脂鲤产卵的时候，雄锯脂鲤会不离不弃地守护着它，一直到它产下小宝宝。产下小宝宝后，雄鱼就会担起做父亲的责任，细心呵护着卵和幼鱼。雌锯脂鲤轰它它都不离开，是一个称职的好爸爸。它将幼鱼和卵放在水草中藏起来，然后带领着自己的一帮好朋友出去给刚产完宝宝的雌鱼寻找食物。如果有一条不小心闯入了它们的领域的

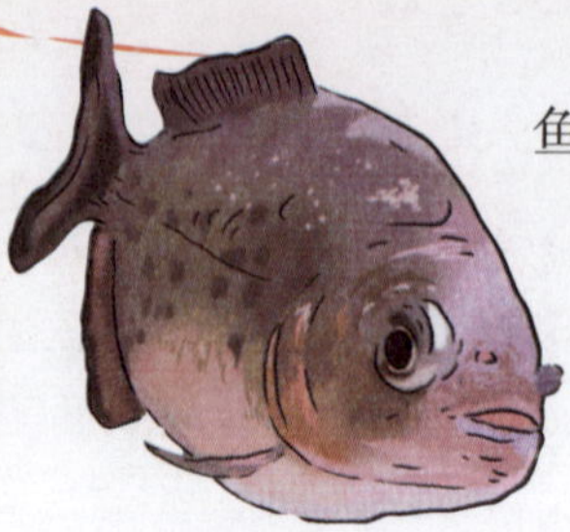

动物原来是这样

鱼，锯脂鲤便发出信号，族鱼们接到信号便从四面八方赶来一起左右出击，数分钟内就把对方拿下了。

● 势单力薄也不怕

如果锯脂鲤单独遇到危险，得不到来自群族的帮助的时候，它也会自己救自己。在河流湍急的地方，一群鱼围攻一条锯脂鲤，锯脂鲤明显力量单薄。情急之下，它偷偷地快速摆动着发达的胸鳍，像一只矫捷的蜂鸟，奋力一跃飞了起来，就如同从弦上射出的利箭。它用力飞出鱼群以外数米远的距离，然后趁敌人没反应过来之际迅速找好藏身之地，逃之夭夭就在一跃之间。

浪尖儿上的鱼

动物档案

虎皮鱼

类目：鲤形目鲤科

体长：5～6厘米

天生贪玩的爱情主义者

虎皮鱼的全身基本上呈红褐色，下半部分逐渐转变为银白色，身体的两侧四条黑色的竖带清晰可见，大名也由此而来。它们生性活泼，喜欢在水的中层游动，对于水质没有很高的要求。

● 敌友之间的巨大差别

虎皮鱼对自己的同类和其它鱼类的不同对待十分有趣。它们喜欢同伴间互相追咬，但是却没有给对方造成多大的伤痕，只是嬉戏，表达自己的情感。但是，它们追着其它的鱼类撕咬时，那可是实实在在地捕食了。一般都将猎物撕咬得伤痕累累的，没有丝毫的情面可言。谁亲谁疏，它们的心里都跟明镜似的。

● 共同语言才能使我安静下来

虎皮鱼喜欢热闹，因此要想虎皮鱼老老实实地养在鱼缸之中，往往需要增加一定的数量同类。因为虎皮鱼很活泼，喜欢袭击鱼类，但是，一旦同伴多了起来，它们就会撇下那些鱼类，而将目光转向同胞，总是追着和同胞一起嬉戏，互相咬动，十分亲昵。因为同胞之间的身形差不多，体力差不多，势均力敌，和同胞们嬉戏，要比追逐那些要么弱小要么强大的鱼类来得痛快。

动物原来是这样

●我们的爱情似狂风骤雨

虎皮鱼之间的恋爱充满了热情。当步入产卵期的时候，它们就开始追逐自己喜欢的异性，十分热情。雄性的虎头鱼努力使自己身上的颜色更为鲜艳，一看到雌鱼出现，就开始猛烈地追击，将雌鱼拦下，在雌鱼面前展现自己的美丽，若是雌鱼还想逃走，雄鱼就会锲而不舍地继续追逐，直到雌鱼终于被雄鱼的"热情"打动，开始反过来追击雄鱼，然后雌雄互相追击，这时候，它们之间的恋爱才真正开始呢。

浪尖儿上的鱼

动物档案

蟾鱼

类目：硬骨鱼纲蟾鱼目蟾鱼科

体长：20~45厘米

海洋里的歌唱家

蟾鱼的身体笨重，头又扁又宽，口大，牙齿锐利。它的体色灰暗，背鳍锋利且有剧毒。蟾鱼能发出呼噜声或呱呱声召唤同伴。它们栖息在热带海域的沙层里，属于肉食性鱼类，主要捕食虾、蟹、小鱼和软体动物等。

● 我有保护色

蟾鱼将自己隐藏在堤岸的裂隙、洞穴、砾石和碎屑中，在此等待猎物的靠近。为了避免被猎物发觉或者在它们还没下手之前猎物就逃走，蟾鱼会将自己埋在沙泥或者海藻中，遮盖得严严实实。因为它的肤色也接近沙泥的颜色，所以一眼望过去根本分辨不出。虽然蟾鱼游动时较迟缓，但是一旦有猎物靠近，它们就会立刻破土而出进行捕捉。在追捕猎物的时候它们会加快游动的速度，像是脚下踩了风火轮。

● 我为女孩唱情歌

雄性蟾鱼在追求雌性蟾鱼时会耍一些小聪明，如果雌鱼不理会雄鱼，雄鱼就会振动鱼鳃对雌鱼唱起求爱歌，嗡嗡的声音像极了蟾蜍的叫声。追到雌鱼后，两人要是闹了不开心，雄鱼就会离开水面到海边的沙石上。离开的时候雄鱼还会对着海面唱歌大叫，好像是专门做给雌鱼看的，像是在道歉，也像是在讨好。数小时后雌鱼因为担心雄鱼

动物原来是这样

就只好原谅它了,它就会到沙石上寻找雄鱼,雄鱼就会讨好地又唱起歌来。

● 我有吸盘,我吸吸吸

蟾鱼产完卵后会一直守护着它的宝宝,因为卵特别大,所以蟾鱼想了个高招。蟾鱼的卵子有黏性、胶质的吸盘,所以蟾鱼就将它们粘在自己背上,走到哪里都背着它们。出生后的仔鱼像小蝌蚪,淘气地围着妈妈打闹。遇到大鱼前来袭击,它们就会巧妙地躲在妈妈的背后,吸附在妈妈的皮肤表面。蟾鱼幼鱼同样具有吸盘,直到它们长大,吸盘才会自行消失。

浪尖儿上的鱼

动物档案

蝴蝶鱼

类目：辐鳍鱼纲鲈形目蝴蝶鱼科
体长：20厘米以下

如胶似漆像鸳鸯

蝴蝶鱼主要生活在太平洋、东非和日本等地的海域。它的外形与陆地上的蝴蝶一样，拥有着五彩斑斓的图案，十分美丽。蝴蝶鱼的体侧扁而高，整个身体呈菱形或者卵圆形。它的嘴巴小，而且略微向前突出。两颌齿细长且尖锐，呈刷毛状或者刚毛状，鳃盖膜与鳃峡相连，样子十分可爱。正是因为蝴蝶鱼美丽的外表与可爱的外形，才深受中国观赏鱼爱好者的青睐。

● 分分钟钟，你就找不到我

身材矮小的蝴蝶鱼，能够在弱肉强食的大海里生存这么多年，与其高超的伪装术是分不开的。蝴蝶鱼家族里的长者，最短在几秒钟内，就能将自己的体色调成与珊瑚礁相同的颜色。而那些晚辈后生变色的时间较长，通常在几分钟内才可以变色成功。改变体色的蝴蝶鱼能完美地融入在珊瑚礁里，加之它们的身材本来就扁如薄纸，可躲藏在珊瑚礁夹缝之中。在外表与智慧的共同作用下，蝴蝶鱼在海洋里悠闲地生活着。

● 不要被我骗了哟

蝴蝶鱼的尾部和头部的样子非常相似。它们经常将自己的眼睛隐藏在头部的黑线中，在尾部露出一对"伪眼"。在敌人准备进攻蝴蝶鱼时，常常会将其尾部误认为头部。当敌方步步接近蝴蝶鱼的尾部

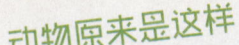
动物原来是这样

时，蝴蝶鱼有着充足的时间和空间溜之大吉。而面对已逃远的蝴蝶鱼，许多敌人或许会发出这样的感慨："这家伙是怎么练的，倒着游竟然能游得这么快！"

● 夫唱妇随，比翼双飞

　　蝴蝶鱼对爱情忠贞不二，所以它们一生钟情于自己的伴侣，并时刻运用自己的智慧守护着爱人。当雌鱼在用餐的时候，雄鱼总是会在其周围警戒。遇到危险的时候，丈夫会立即带着妻子躲进珊瑚礁的夹缝里。而且丈夫总是让妻子躲在自己的身下，自己随时注意着敌害的一举一动，以便及时地采取最佳应对措施。

浪尖儿上的鱼

●小两口不能说的秘密

蝴蝶鱼与同类之间，常以拍打鱼鳍、跳跃发出的声响交流。而蝴蝶鱼在和自己伴侣交流时，则会从其鱼鳔里发出一种很小的"咕噜"声，这是夫妻俩在说悄悄话呢！因为是小两口不能说的秘密，动静当然不能搞得太大。当遇到危险的时候，丈夫不但会小声安慰妻子，而且还会用鱼鳍触碰妻子，希望恐惧中的妻子能赶紧平静下来，以免因为妻子带动水波被敌人发现。

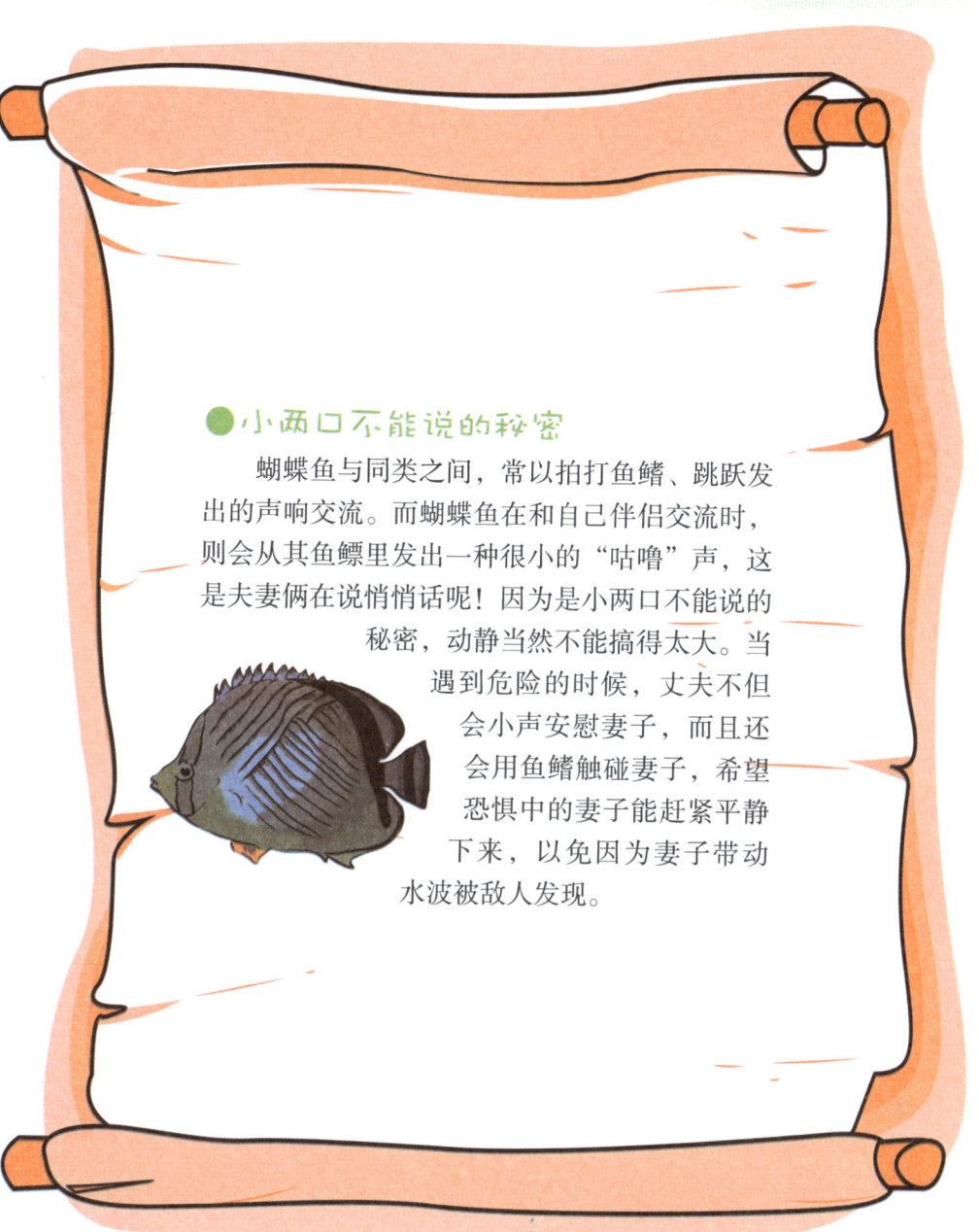

动物原来是这样

动物档案

小 丑 鱼

类目：辐鳍鱼纲鲈形目雀鲷科

体长：15厘米以下

和睦相处的模范邻居

小丑鱼虽然名字里有一个"丑"字，其实并不丑。小丑鱼的幼鱼的前额上长着白色的斑点，除透明的胸鳍与软背鳍鳍条之外所有的鳍均呈黑色。成鱼身体的颜色因为生活的海域不同也会有所改变。小丑鱼主要以虾、海藻、切碎的鱼肉、颗粒饲料等为食，是一条不挑食的鱼儿。

● 找一个强大的靠山罩着我

作为弱者的小丑鱼，清楚地知道单凭自己的力量，是很难在这个四处皆强敌的海洋中生存的。所以，要想顺利地生存繁衍，就必须寻找一个强大的靠山。于是，它们就将目光放在了海洋著名的毒王——海葵身上，并利用自身的特长与海葵签订了"和平共处三大合作原则"：海葵为小丑鱼提供必要的保护，作为回报，小丑鱼要为海葵清理身上的寄生虫；小丑鱼可以在海葵触角上安家，而小丑鱼有义务将其它小鱼吸引过来做海葵的午餐；小丑鱼受欺负时，海葵会替小丑鱼出头，作为回报，小丑鱼要为海葵清扫海水沉淀下来的垃圾。就这样，小丑鱼找了一个强大的邻居，并与其互帮互助，互赢互利，友好相处。

● 人在矮檐下，怎能不低头

严格的等级制度也是小丑鱼不同寻常的智慧体现。通常一对小丑鱼夫妻会单独占据一个海葵作为自己的领地。如果这是个特大号的海

葵，经过和海葵协商，小丑鱼夫妻会允许其它小丑鱼家族在海葵上同时安家。不过之后的日子里，这对处于主导地位的小丑鱼会压迫、欺负其它小丑鱼。尤其是雌小丑鱼，会驱赶其它小丑鱼家族。有好东西吃的时候，必须是小丑鱼夫妻第一个享用，其它小丑鱼最多也就是吃些残羹剩饭。

● 王位传女不传男

一只海葵上同时生活着多个小丑鱼家族，久而久之在海葵上就会形成一个小丑鱼王国。而王国的国王就是雌性小丑鱼，王国里无人敢挑战女王的权威。可一旦女王驾崩，女王的老公就会想尽一切办法接替王位。鉴于国王继承人的特殊要求，这条雄性小丑鱼就会努力地将自己变成雌性。头几天，雄小丑鱼会将自己内部构造变成雌性，代表特征就是有能产卵的产房。再过几天，将自己的外表也完全变成一位雌性小丑鱼。万事皆备后，新女王会从其它小丑鱼里挑选一个最强壮的雄小丑鱼做自己的丈夫。

动物原来是这样

动物档案

黑　鱼

类目：辐鳍鱼纲鲈形目鳢科
体长：约30厘米

海洋里的潜伏者

黑鱼的体色为灰黑色，体背与头顶的颜色较暗，腹部为淡白色，体侧长有很多不规则形状的斑块，头部两侧有两道黑色斑纹。奇鳍上布满了黑白相间的斑点，偶鳍为灰、黄色之间长有不规则的斑点。黑鱼对于环境的适应能力特别强，特别是对缺氧与不良水质等具有很强的适应力。

● 我有两套呼吸机

　　绝大多数鱼都是靠着鱼鳃吸取水分中的氧气。黑鱼不仅能摄取水分中的氧气，也能够直接呼吸空气的养分。河水一旦发生缺氧、水质下降这些不良变化，黑鱼不会傻傻地等死，而是迅速游向水面，将自己的嘴露出水面，尾部隆起，鱼鳍不断地拍打水面保持平衡，依靠鳃腔里的鳃弓和骨片组成一套新的呼吸机，直接从空气中吸入养分。因为拥有两套不同的呼吸系统，所以黑鱼适应环境变化的能力超强。

● 埋伏偷袭是硬道理

　　黑鱼虽然是个凶猛的肉食者，可它们捕食的时候从不蛮干。它们经常潜伏在觅食的猎物周围，观察猎物的一举一动。同时寻找着周围是否还隐藏有其它的对手。一旦确定周围并无危险，黑鱼就会悄悄地向小鱼靠拢，避免被小鱼发现。当达到打击距离时，黑鱼会以最快的速度向小鱼冲过去，一口将小鱼咬在嘴里，并不停地甩打小鱼，直至确定猎物已死，才会放心地食用。

浪尖儿上的鱼

● 树挪死，鱼挪活

黑鱼还具有极强的跳跃能力，这也是它重要的一项生存技能。一旦它所生活的水塘缺乏养料，黑鱼就游到水塘的岸边，一个纵身，跳进临近的水塘生活。到了夏天，难免也会遭到洪水的来袭，黑鱼会跳到岸上，沿着堤岸逃跑。虽然在岸上爬行的黑鱼，其身姿确实不怎么优雅，不过只要能活命，谁还在乎呢。通过各种恶劣环境的洗礼，黑鱼成长为一位生活的强者。

● 生小鱼子上产房

黑鱼的住房平常是不怎么讲究的，能遮蔽风雨即可。可赶上雌黑鱼要生小鱼的时候，那就不能再那么随便了。黑鱼夫妻会四处忙碌着，衔来一些水草和植物碎片，依照雌鱼的体型大小搭建出一个新的产房，以迎接新生命的到来。小黑鱼一出世，黑鱼夫妻会时刻守候在它们的身边，严格限制它们的活动区域。假如有其它鱼群向小黑鱼靠近，黑鱼夫妻将全力驱赶，以保护自己的孩子。等到小鱼长到一岁左右，黑鱼夫妻才会放它们去独立生活。

动物原来是这样

鱾鳅

类目：辐鳍鱼纲鲈形目鲯鳅科
体长：1.5米以下

被称作"海洋之狐"的狡猾鱼

鱾鳅的身体长而扁，前部高大，向后逐渐变细。它的头非常大，背部却很窄。额部有一块骨质微微隆起，随着成长而越来越明显，尤其以雄鱼最为明显。鱾鳅主要生活在温暖的海域，平时主要以追逐飞鱼或者竹筴鱼为生活乐趣。它的肉味虽然不鲜美，但是体色很美，因此备受观赏鱼爱好者的青睐。

● 你的小伎俩我早已摸透

飞鱼的跳跃本领通常能迷惑大多数追击者。可如果遇到的是鱾鳅，那结果可就悲惨了点。鱾鳅比一般的鱼要聪明得多。鱾鳅追击飞鱼的时候，如果飞鱼跃出水面，鱾鳅就会将自己的一只眼睛露出水面，观察飞鱼在空中的一举一动。一旦确定了飞鱼的逃跑路线，鱾鳅就会在水下与空中不断跳跃的飞鱼并排而行。飞鱼在天上飞，鱾鳅在水下游，反正最后先累的肯定是飞鱼。一旦飞鱼飞不动落到水里了，鱾鳅就能不费吹灰之力饱餐一顿。

● "神秘的魔鬼"

鱾鳅经常躲在海面漂流物的下面。起初有人认为它这样做是惧怕阳光，后来人们才发现，原来鱾鳅躲在漂流物下是为了等那些鱼群。一般阳光越充足的地方，鱼群也就越多。可鱾鳅那一身扎眼的鳞片又容易暴露自己，于是它们经常以漂流物来遮蔽自己的影子。待鱼群游

浪尖儿上的鱼

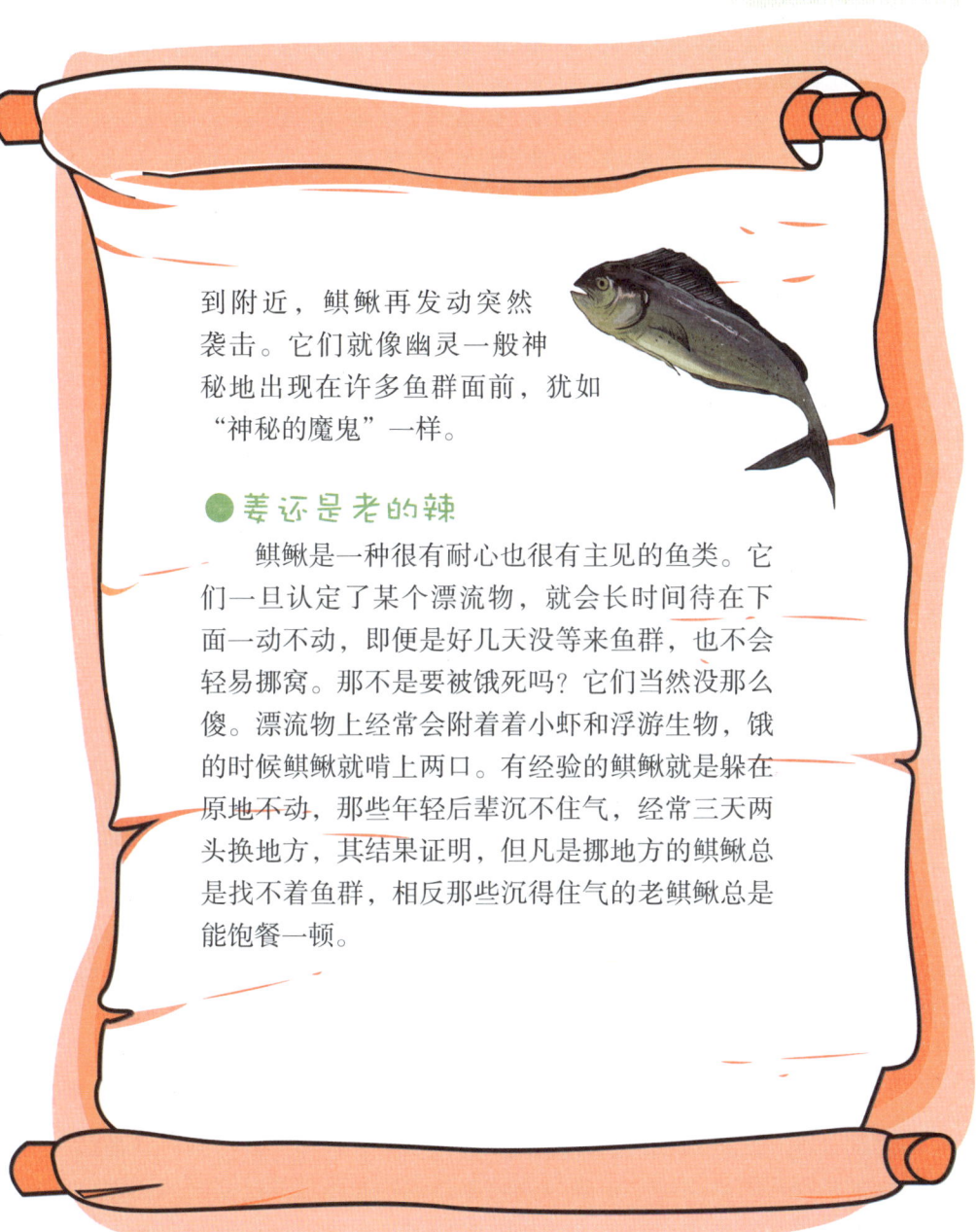

到附近，鲯鳅再发动突然袭击。它们就像幽灵一般神秘地出现在许多鱼群面前，犹如"神秘的魔鬼"一样。

●姜还是老的辣

鲯鳅是一种很有耐心也很有主见的鱼类。它们一旦认定了某个漂流物，就会长时间待在下面一动不动，即便是好几天没等来鱼群，也不会轻易挪窝。那不是要被饿死吗？它们当然没那么傻。漂流物上经常会附着着小虾和浮游生物，饿的时候鲯鳅就啃上两口。有经验的鲯鳅就是躲在原地不动，那些年轻后辈沉不住气，经常三天两头换地方，其结果证明，但凡是挪地方的鲯鳅总是找不着鱼群，相反那些沉得住气的老鲯鳅总是能饱餐一顿。

动物原来是这样

动物档案

射 水 鱼

类目：辐鳍鱼纲鲈形目射水鱼科

体长：约20厘米

会做物理题的聪明鱼

射水鱼的体型接近卵形，身体扁平，头平吻尖，眼睛又黑又大，炯炯有神。它的体色为银白色，只有极少数的体色为淡黄色，且略带绿色。体侧长有六条黑色的垂直斑纹，其中一条经过眼部，第二条在鳃盖上，第三条在鳃盖后面，第四条以背鳍为起点直至腹部，第五条始于背鳍终于体侧，第六条在尾柄处环绕。射水鱼主要生活在水体上层，性情温和，不会主动攻击其它鱼类。

● **嘴上伤人**

射水鱼天生就有喷水的本领。它们最喜欢吃小昆虫，所以射水鱼经常游弋在水面，如果看到水面上有飞蛾、苍蝇、蜜蜂之类的昆虫，狡猾的射水鱼就会悄悄地向目标靠近，精神高度集中地观察目标，调整射击角度，待确定目标后，射水鱼就会从口中突然喷出一股水柱，将目标击落。这一系列的过程在瞬间完成。即便昆虫的身手十分矫捷，一旦翅膀沾上了水，再使劲也飞不起来了。

● **请叫我物理学家**

在水下袭击昆虫，就必须懂得一个物理常识——折射。空气和水之间是存在光线折射的。在水下观看水面上的物体，其位置肯定是偏离的。如果不懂得这个道理，是很难击中目标的。不过聪明的射水鱼甚至比科学家还更早明白光线折射的物理常识。它们捕捉昆虫时，都

浪尖儿上的鱼

是选择在昆虫的斜下方下手。处在昆虫的斜下方发射水柱，一打一个准。这也是它们在不断的捕食练习中积累出来的经验。有些年纪尚小的射水鱼不懂得这个道理，往往是白费功夫。

● 我有双保险

射水鱼射出去的水柱，其力道是很强的，据说能将人的眼睛射伤。不过有时候也会遇上一些意志比较坚强的昆虫，这些昆虫即便是被射水鱼的"大炮"打了个趔趄，但勉勉强强还能保持身体的平衡，依旧坚持飞行。射水鱼见猎物不掉下来，没关系，还有第二招——肉搏战。射水鱼并不介意短时间离开水面。面对被击中的猎物，射水鱼会一个纵身上去，在空中将昆虫撞下来。你不是强吗？拉，我也要把你拉下水。

动物原来是这样

● 最有主见的射手

人们为了查清楚射水鱼发射时的状态，曾经对射水鱼做过这样的测试：将两只昆虫以不同的风向从平台上吹下来，而射水鱼只会对离自己最近的那只下手。这就表明射水鱼的头脑是具有分析能力的。它们能分析出对哪只昆虫下手，得手的机率会高一些。即便空中飞有多只昆虫，也丝毫不会影响射水鱼的判断。

● 你的招数我早已了然于胸

射水鱼发射水柱所需要思考的时间非常短，它们的眼力非常之好。不过射水鱼能快速地射杀昆虫，靠的不是它们的眼力，而是它们具有预判昆虫动作的能力。比如一条射水鱼发现一只昆虫想要逃走，它能快速地预判到昆虫的下一个动作以及逃跑方向，从而在半路截杀猎物。所谓武林高手，未出手便将对方的招式看得一清二楚，看来射水鱼也是武林至尊啊。

浪尖儿上的鱼

箭　　鱼

类目：辐鳍鱼纲鲈形目箭鱼科

体长：4～6米

最受不了欺负的鱼

箭鱼属于大型凶猛鱼类之一，攻击性很强。最重要的是，箭鱼的外形颇具特点，一眼便可在鱼群中认出。箭鱼的身体粗壮并且逐渐向后延长，背腹钝圆，尾部扁平且细长。鱼体裸露，皮肤粗糙，侧线模糊。它的体色鲜明，头部和背部颜色为蓝紫，腹部颜色为淡黑，所以时常被人们称为青箭鱼。

● 我们的船帆最锋利

箭鱼喜欢将自己的背鳍露在海平面上游动，因为弯弯的背鳍能起到和帆同样的效果，使箭鱼游速更快。在背鳍的辅助下，箭鱼的最高时速可达到每小时100多千米，这比陆地上的非洲猎豹的速度还要快。一旦猎物游进箭鱼的法眼，即便看似距离遥远，箭鱼也能秒杀猎物。

● 有仇不报非君子

箭鱼是一种胆子很小的动物，通常它们遇见比自己凶猛的海洋动物时，都会绕着走，以免和那些狠角色发生不必要的冲突。可人家不惹事不代表也怕事。如果谁要是把它们惹毛了，就是拼了命，也要与对方鱼死网破。箭鱼平常还是非常低调的，可也难免有些二百五惹恼它们。曾经有一只渔船误撞了一条大型箭鱼，这一撞激怒了箭鱼，愤怒的箭鱼用自己锋利的长吻穿破了渔船的甲板，导致甲板漏水。由于用力过猛，箭鱼的长吻也不幸折断。所以最好不要冒犯箭鱼，这可是个生起气来不要命的主儿。

动物原来是这样

● 我刺，我砍，拿我没法

箭鱼因为长有一根又尖又锋利的长吻，如同一把利剑一般，所以在捕食的时候，自然不会浪费这个天然优势。通常它们会先对那些小鱼进行一番冲撞式攻击，小鱼因为受了惊，全部聚成一团。这也正是箭鱼最想看到的结果。这时候箭鱼的长剑就派上用场了。它会冲入鱼群，或是刺，或是砍，一番砍杀之后，能幸免于难的小鱼是寥寥无几。不仅如此，如果赶上兄弟姐妹多的时候，箭鱼甚至敢袭击比它们大得多的鲸，真是利剑一出，谁与争锋。

浪尖儿上的鱼

带　鱼

类目：辐鳍鱼纲鲈形目带鱼科

体长：1～3米

好吃同类的终结者

带鱼是一种极其凶猛的食肉性鱼类，牙齿尖利且发达，胸鳍较小，背鳍很长，鳞片退化。它的身体侧边如带，呈银灰色，胸鳍与背鳍为浅灰色，且带有很多的小斑点，尾巴呈黑色。带鱼的头尖、口大，从头到尾逐渐变细，犹如一根长鞭。带鱼主要生活在我国沿海海域，是一种对环境适应能力特别强的鱼类。

● 知道扬长避短

同样是鱼类，带鱼的游泳能力是鱼类中比较差的一种。不过这没关系，聪明的带鱼有另一种活动的方法——蠕动，这可是它们的强项。带鱼游泳时，并不依靠鱼鳍划水，而是通过摇摆身躯向前蠕动。白天它们悬浮在海水的中层，靠着鱼鳍的划动慢慢游动，因为这里很少出现大型鱼类，可到了晚上，它们就像陆地上的蛇一样扭动着身躯朝海底游去，开始大规模的捕食行动。

● 低调才能保住性命

带鱼的那一身银色是很扎眼的，很容易招致天敌们的追杀。所以即便是在休息的时候，带鱼也要用海底的沙土将自己的身体掩埋起来，只将头露出外面呼吸，这样将自己隐藏得严严实实，才能睡上个踏实觉。

动物原来是这样

● 我的地盘我来守护

带鱼有较强的领地观念，一旦来了不速之客，就会不顾一切地将对方驱赶出境。通常两条带鱼会为一块领地而大打出手。它们互相咬着对方的尾巴，在海底形成一个圆形，如果是一大一小，这场战斗将会很快决出胜负。如果体型相当，二者将这样趴在海底一动不动，这时候比的就是耐心和毅力。输的那条不但会失去领地，甚至有被对方吃掉的危险。

浪尖儿上的鱼

动物档案

䲟鱼

类目：辐鳍鱼纲鲈形目䲟科

体长：30～90厘米

又一个海洋里的"懒汉"

䲟鱼主要生活在热带和温带海洋中，我国南海海域也有它们的踪迹。䲟鱼最大的特点就是背上长着两个背鳍，第一只背鳍已经演变成椭圆形的吸盘，吸盘的中间有一条纵线，纵线将吸盘分为左右两部分，每一部分都长着22～24对排列整齐的软骨板。䲟鱼是一个调皮的小家伙，经常吸附在大型鱼类的身上做长途旅行。

● 免费坐长途车

海洋中的䲟鱼，是鱼中的懒汉。它既想涉足重洋，又不肯出一点力气，所以千方百计寻找机会依附在别的动物身上或船只的底部，进行"免费"的旅行。它的背部长有椭圆形的吸盘，形状极像一枚印章，能牢牢吸住平坦的物体。利用这一特长，䲟鱼就能吸附在海龟的底部，轻松地周游世界，到了食物丰富的地方，它就会自动离开，饱餐之后，再搭乘下一艘"游轮"继续免费旅行。

● 你吃啥我就吃啥，不挑食

䲟鱼十分懒惰，不愿意亲自捕食，不过也不能不吃饭，于是就想出了一个偷懒的办法。它们决定先找一个寄主，然后跟着寄主混生活。寄主吃饱了，它们就吃寄主吃剩下的碎屑。有的时候，也会以寄主身上的寄生虫为生。䲟鱼帮助寄主除去寄生虫，寄主也就接受了䲟鱼的存在。就这样，䲟鱼每天悠闲地寄存在寄主身边欣赏美好的世界。

动物原来是这样

● 狐假虎威，啥也不怕

鲨鱼也是鮣鱼十分喜欢的寄主之一，鮣鱼能与鲨鱼和睦相处。也对，它们帮助鲨鱼除去身上的寄生虫，鲨鱼自然也愿意罩着这些小东西。但是，鮣鱼跟着鲨鱼老大混，可不光是为了日常吃喝，更为了有一个保护伞。所以，每当遇到其它鱼类想要攻击它们的时候，它们就会飞速地游向鲨鱼老大去寻求庇护。其它鱼类一见有鲨鱼在，哪儿还敢靠近，转身就逃跑了。傍上鲨鱼这个老大，看谁还敢不给鮣鱼面子。

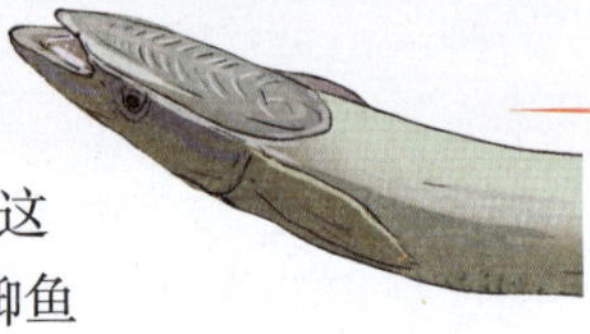

浪尖儿上的鱼

苏眉鱼

类目：辐鳍鱼纲鲈形目隆头鱼科
体长：40~80厘米

雌雄共体

苏眉鱼的性情温和，又因为额头高高隆起，看上去犹如拿破仑戴的帽子一般，因此被人们称为"拿破仑"。苏眉鱼的成鱼的眼睛非常小且位于头部的上侧，两眼之间微微隆起；头部较为凸出，口大且斜裂，口中生有虎齿。头颈呈墨绿色，体侧呈黄绿色，身体的后半部分具有深色的波状横纹。苏眉鱼主要生活在杂藻丛生的珊瑚与岩礁海域，属于暖水性鱼类。

● 由雌变雄为的是家族生存

苏眉鱼是一种群居生活鱼类，它们的头领就是一条聪明的大雄鱼。说它是雄鱼吧，可是以前它又是一条货真价实的雌鱼。这是怎么回事？苏眉鱼刚出生的时候，都是雌性的。当上一任的头领去世之后，为了带领种族继续向前走，群体中那条天赋最好、身板最结实的雌鱼就会挺身而出，主动转变成雄性。当上头领的雌鱼，虽然丧失了孕育小鱼的能力，却能换来家族的统治权和唯一交配权。每个家族成员都必须听从新头领的领导。这样的生存智慧是苏眉鱼千百年来进化的结果。

● 擅闯者，男的轰走，女的留下

大雄鱼一旦当上了头领，不仅得到了特权，还必须肩负起巡视领地的责任。每天雄鱼都会在自己的领地巡视一番。对于那些不速之

客，雄鱼区别对待。如果来者是个男的，高压政策一律轰走，以免放敌人进来跟自己抢地盘。相反如果来者是个女的，嘿嘿，热烈欢迎！这就叫"羊入虎口"啊！

● 捕食二重奏之擒拿

面对那些狡猾的猎物，苏眉鱼有一套整治它们的办法。有些小鱼见了苏眉鱼，吓得赶紧躲到珊瑚礁的夹缝里。通常遇到这样的情况，苏眉鱼会用自己的长颚伸进珊瑚礁里，将小鱼活生生地揪出来。有些珊瑚礁十分小，苏眉鱼的长颚伸不进去，没关系，苏眉鱼还会通过拍动水流，将猎物藏身的障碍物"吹"走。

浪尖儿上的鱼

● 捕食二重奏之挖地三尺

苏眉鱼对自己的捕食技艺有着绝对的自信。有些聪明的小鱼为了逃避苏眉鱼的追捕,甚至会躲到大贝壳和石头的下面。别以为这样苏眉鱼就没办法了。对待贝壳里的小鱼,苏眉鱼会用它坚硬的长颚砸开贝壳,看看到底是你的贝壳硬还是我的嘴硬。石头下面的小鱼就更好抓了,长颚一使劲,石头轻轻松松被苏眉鱼掀开。很快,无计可施的小鱼被苏眉鱼吞入腹中成了苏眉鱼的一顿美餐。

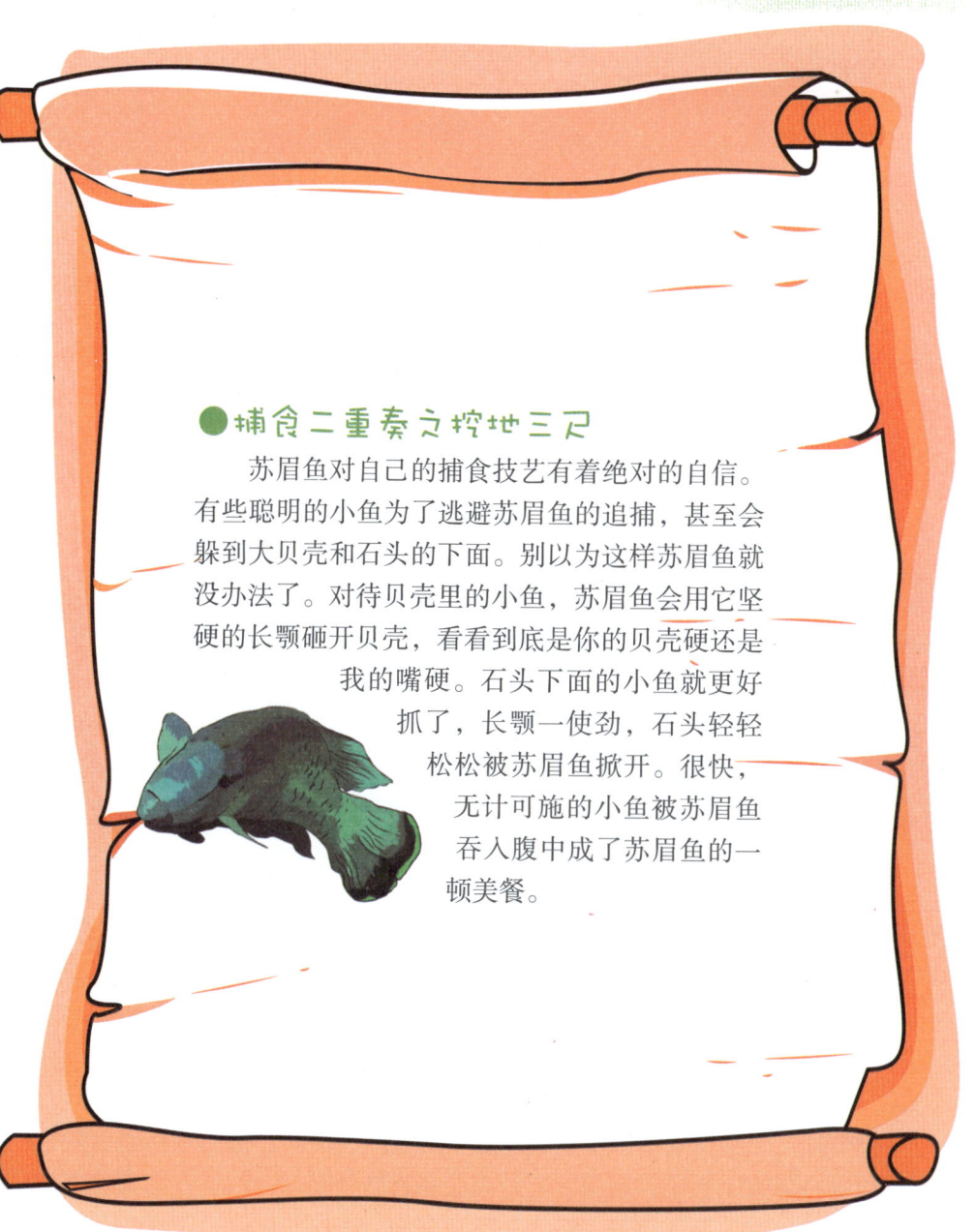

动物原来是这样

动物档案

蝠鲼

类目：软骨鱼纲燕魟目蝠鲼科

体长：约7米

喜欢恶作剧的魔鬼

蝠鲼的身体呈菱形，头部平扁，吻部横平，胸鳍肥厚如翼状，尾巴细长如鞭，背部长着小型的背鳍，嘴巴宽大，牙齿细小繁多，呈铺石状有序排列。鼻孔正好位于嘴巴的两侧，喷水孔较小呈三角形，位于眼部后方，与眼睛有一定的距离。蝠鲼是一种生活在热带和亚热带海域的底层的软骨鱼类，被当地人称为"水下魔鬼"。

● 敢冒犯我？欠拍

为了能够在危机四伏的海洋中更好地生存，蝠鲼长期训练自己的警惕性，并将自己训练成了大力水手。一旦感知到危险，它们就立即出击，将对方拍死。虽然它们的身体软绵绵的，但是深知它们厉害的其它鱼类从不敢轻易冒犯。不过，它们十分喜欢与潜水员接触，并且一般都很温顺。然而，倘若将其激怒，它们也会毫不犹豫地用那遮天的"双翅"直拍潜水员的脑壳。这一拍呀，不说是脑浆崩裂吧，最少也会让潜水员的颅骨骨折。所以，胆小的潜水员不敢轻易接近蝠鲼。

● 我不是魔鬼，只是爱开玩笑

蝠鲼天性十分贪玩，还经常搞些恶作剧。它们的原则是，我在海里没什么天敌，吃饱了不玩，还能干啥呢。当然，它们的恶作剧也是建立在智慧之上的。比如，当有渔船靠近的时候，它们就会悄悄地靠近渔船，然后迅速地将自己的头鳍挂在渔船的鱼钩上，接着在水下拉

浪尖儿上的鱼

着渔船到处瞎转。而船上的渔民看到渔船自己疯跑进来，以为是撞上了海底魔鬼，惊恐不已。当它们玩够了之后，就会将渔船拉回原来的地点，然后再悄悄离开，而船上的渔民早已被吓得半死，所以渔民们常将蝠鲼称为"魔鬼鱼"。

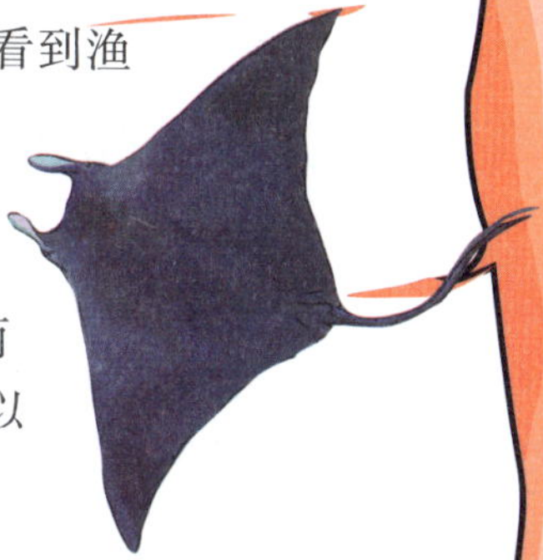

●成双成对，从不孤单

俗话说"男女搭配，干活不累"。蝠鲼也明白这样的道理，所以出游时，蝠鲼经常雌雄结伴而行。无论是捕食，还是防备敌人袭击，身边有个人总会多一些安全感。蝠鲼夫妻在海洋里自由地翱翔，有时它们还会一起跳"水中芭蕾"，前空翻，后空翻，360度水中旋转，在这默契的舞蹈配合中，也是一种感情的交流和互动。

动物原来是这样

四 眼 鱼

类目：硬骨鱼纲鳉亚目四眼鱼科
体长：约30厘米

长着四只眼睛的怪鱼

四眼鱼主要分布在中南美洲的热带淡水中，有时人们在海岸线附近也能寻到它。它通常不挑食，不管是昆虫、硅藻还是小鱼，都可以成为它的盘中餐。

● 一心两用，四眼看天下

人在水下看到的东西是模糊的，鱼在陆地上看见的东西也是模糊的。而四眼鱼的眼睛无论是在陆地还是水里，看东西都不成问题。于是，它们就利用这一优势作为其捕食的有力武器。在捕食时，它们会将眼睛的上半部露出水面，观察昆虫的一举一动。藏在水下面的眼睛还能同时观察水面以下的情况。其实它们就只有两只眼睛，不过由于其眼睛结构特殊，看上去就好像有四只眼睛一样。水上水下有任何风吹草动，它们都能及时发现。甚至两百米之外的物体，它们也能看得清清楚楚。如此神奇的四眼鱼，真正做到了一心二用。

● 我们也有氧气瓶

鱼儿离不开水是自然法则，因为它们的鱼鳃只具有从水里吸取氧气的功能。但为了更好地生存，四眼鱼常违反常规，从河里出来到岸上逮昆虫。难道它们就不怕缺氧而死吗？原来，聪明的四眼鱼早就有了自己的安排。四眼鱼在上岸之前，会事先在头顶上的液囊中装满足够多的水。这样即便是上了岸，液囊也能给鱼鳃源源不断地输送水

浪尖儿上的鱼

分,保持正常的呼吸。同时,液囊还能让它们的身体保持湿润,不至于在陆地上脱水。有了氧气罩的潜水员能在水下呼吸,那么液囊就是四眼鱼的氧气罩,保证它们在陆地上也能呼吸。

● 多功能夜视眼监测周围一切

不管是在一眼望穿的清水水域,还是在伸手不见五指的黑暗水域,四眼鱼都时刻警惕周围的动静,任何天敌都别想玩什么阴谋诡计。清水水域还算简单,但在那黑暗水域,它们是如何做到明察秋毫的呢?原来,四眼鱼眼睛下半部里,长有一个特殊的晶状体。人眼睛的晶状体在黑暗中接收光线的能力很弱,而四眼鱼的晶状体更像是个反光镜,它能将极微弱的光线反射到视网膜上,从而了解黑暗角落的详细情况。所以一旦游到黑暗的水域,四眼鱼会立即开启自己的夜航模式,来监视四周的风吹草动。

动物原来是这样

动物档案

鮟鱇鱼

类目：鮟鱇目鮟鱇科

体长：40~150厘米

躺着钓鱼的鱼

鮟鱇鱼的体表暗淡，呈淡绿褐色，身体宽阔低平，并且向尾部收缩。背鳍上长着一个肉质的诱饵，并且可以垂吊在口上，一旦有东西游近，就会张开双额将其吸入口中。它是一种伏击型食肉鱼类，保护色的功能极佳，鮟鱇鱼隐藏的功力高强，在海床上几乎不能够分辨。

● 别咬，千万别咬啊

鮟鱇鱼几乎是不会游泳的，它们常年住在海底一动不动。那它们何以为生呢？原来鮟鱇鱼的背鳍经过多年的演化，形成了一根长竿的样子，这就是鮟鱇鱼的钓竿。鮟鱇鱼成天一动不动的，"钓竿"在海底随着水流摆动。钓竿的顶端，长有一个膨大的钓饵，那些贪吃的小鱼误认为"鱼饵"是食物，上去就是一口。不等小鱼琢磨，鮟鱇鱼马上张开自己的大嘴，大嘴周围会形成一股水漩涡，快速地将上钩的小鱼吸进自己的肚子里。

● 能撑死也不能给饿死

鮟鱇鱼是个贪吃鬼，即便是不饿的时候，对于那些上钩的小鱼，鮟鱇鱼照吃不误。它的体内长有一个巨大的胃，能储存大量的食物，即便这些食物不能消化，鮟鱇鱼也不会觉得撑得慌。不为别的，鮟鱇鱼储存这么多食物，就是防备遇上灾年。这要是哪天闹了饥荒，它们又不像其它鱼类会游泳，不多备点存货，那可怎么活啊。所以经常会发生这样的情况：渔民钓上了十斤重的鮟鱇，却在它的胃里发现有四五斤的存货。

浪尖儿上的鱼

●这个小灯有点毒

鮟鱇鱼是成年生活在海底的。海底黑得伸手不见五指，这样的环境即便是有鱼饵，小鱼们也是瞧不见的。而鮟鱇鱼的鱼饵能在黑暗里能发出红、黄、白等多种亮光，以吸引那些不明真相的小鱼。小鱼们正愁找不着吃的，见有那么显眼的食物就在面前，当然恨不得一口吞下去。只要小鱼一咬，再想逃脱那是插翅难飞。

动物原来是这样

篮子鱼

类目：刺尾鱼亚目篮子鱼科
体长：约20厘米

低调的隐士

篮子鱼主要栖息在珊瑚丛或岩礁中，它们的体色多变，主要以珊瑚底部的藻类为食。篮子鱼有一列扁平的铲状牙齿，经常一口一口地咬下食物。它们的背上有单一的背鳍，长有13根尖锐的带有毒性的棘刺，可以在紧急时刻进行攻击和防守。

● 这是何门暗器

不要看篮子鱼很小，但是它也有自己的杀手锏。在背鳍、臀鳍、尾鳍上长有坚硬且长的刺，更为危险的是刺有剧毒，要是没事最好还是不要靠近它，不然那毒液随时会让你浑身感到震麻，随后剧痛，到时候究竟是如何让篮子鱼攻击的，你都不知道，那死得未免有些不瞑目了。

● 我不是胆小，是低调

篮子鱼不会像那些大型鱼类吃完饭没事儿就到处溜达寻点点心，它们只会在珊瑚或者岩礁中休憩，而且是越长大越喜欢这种安逸的生活，从不惹是生非。它们潜伏着，等着那些不长眼的鱼类自己闯进来，不管有多少，篮子鱼都是照单全收。看着鱼儿在自己面前慢慢死去，篮子鱼会很无奈又很无辜地祷告说，"我也不想这样，况且我觉得还是水藻美味些。"

浪尖儿上的鱼

● 看我七十二变

　　篮子鱼的体形会随着成长而变化。为了更好地适应海底生活,篮子鱼的身上形成了一种保护色,这使它更不容易被人发现,很适合篮子鱼那慵懒的个性。篮子鱼在稚鱼时还有些横纹,在它成长的过程中这些横纹会变成云状的斑纹。至成鱼时斑纹消失,全身呈褐色,真正地融入到大海中了。

动物原来是这样

比目鱼

类目：硬骨鱼纲鲽形目鲆科
体长：25~50厘米

懒惰的杀手

比目鱼的名字有很多，比如蝎沙鱼、鳎蟆、平鱼、左口鱼等都是比目鱼的称谓。比目鱼主要生活在沿大陆棚中等深度的海水中，只有少部分生活在淡水中。

●我并非天生怪胎

为什么比目鱼的两只眼睛会长在头的一侧呢？原来这是它们为了适应生存做出的聪明选择。比目鱼的双眼长于一侧是为了躲避天敌。原先它们老祖先的眼睛也很正常，可它们有个很不好的习惯——总爱侧身平躺在沙土里。这样一来，有一只眼睛就总是处于黑暗中。为了及时发现天敌，那只处于黑暗中的眼睛不自觉地努力往上看，时间一长就变成了斜眼，久而久之，头骨发生改变，那只黑暗中的眼睛就跑到了头的另一侧，从此两只眼睛就都朝着有亮光的方向了。

●海洋变色龙

有不少动物，为了适应环境需要，会像变色龙一样改变自己的体色。而作为捕食能手，比目鱼也是位变色的高手。通常比目鱼有眼睛的一侧的颜色比较深，另一侧则完全是白色。不过当它来到一个新环境后，有眼睛的一侧会变得和周围石头沙子的颜色差不多，另一侧的体色也会由白转为深色。科学家经过研究发现，原来比目鱼变色的原因，是因为比目鱼受到新环境刺激后，会改变细胞色素颗粒的排列，从而达到变色的效果。

浪尖儿上的鱼

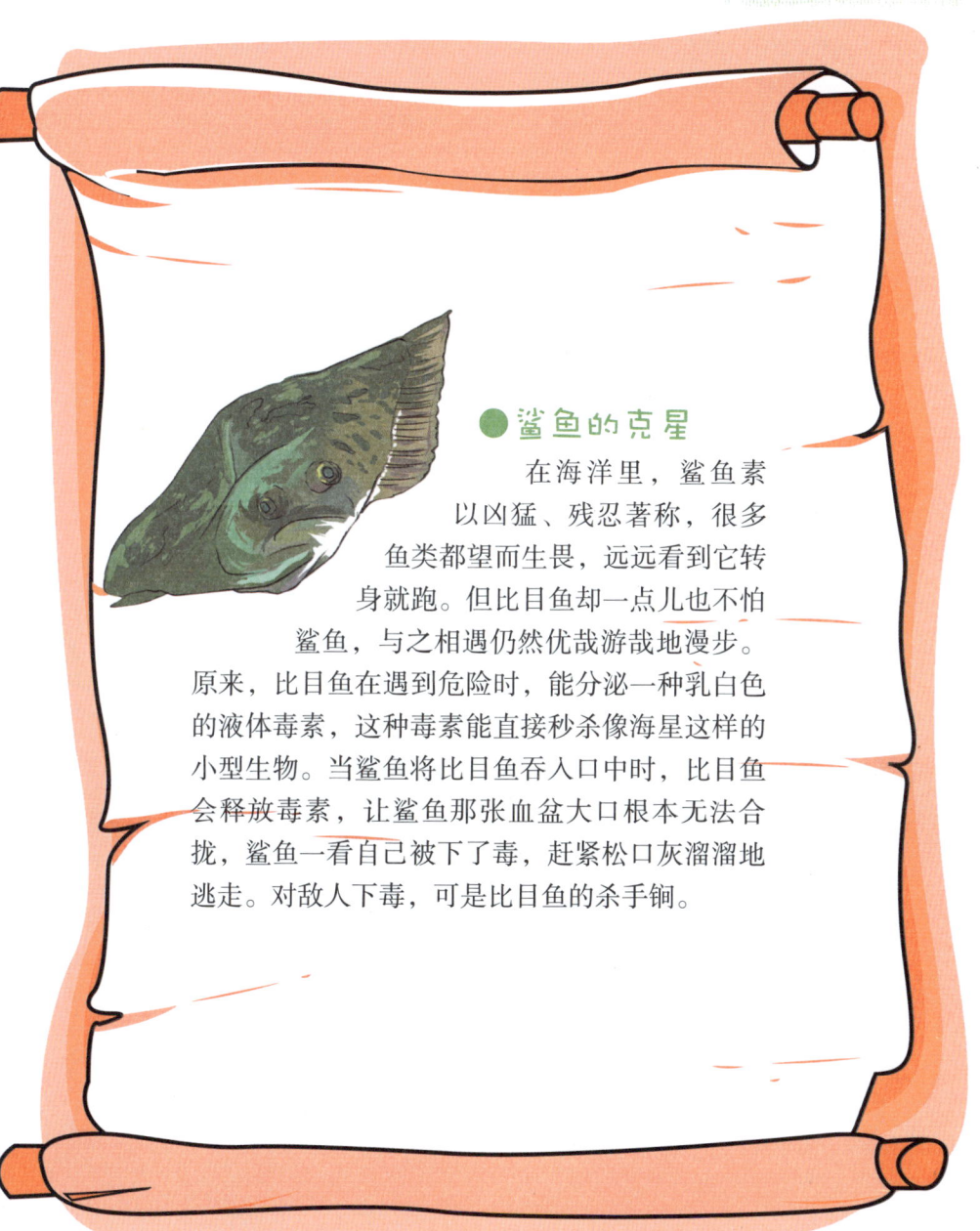

● 鲨鱼的克星

在海洋里，鲨鱼素以凶猛、残忍著称，很多鱼类都望而生畏，远远看到它转身就跑。但比目鱼却一点儿也不怕鲨鱼，与之相遇仍然优哉游哉地漫步。原来，比目鱼在遇到危险时，能分泌一种乳白色的液体毒素，这种毒素能直接秒杀像海星这样的小型生物。当鲨鱼将比目鱼吞入口中时，比目鱼会释放毒素，让鲨鱼那张血盆大口根本无法合拢，鲨鱼一看自己被下了毒，赶紧松口灰溜溜地逃走。对敌人下毒，可是比目鱼的杀手锏。

动物原来是这样

动物档案

沙丁鱼

类目：硬骨鱼纲鲱形目鲱科
体长：15～30厘米

最不怕鲸鱼的鱼

沙丁鱼是一种细小的银色小鱼，背鳍短且只有一条，没有侧线，头部没有鳞片，主要以浮游生物为食。

● 不怕死的跟我来

沙丁鱼身材矮小，经常受大型海洋生物的欺负。尤其是鲸，见了沙丁鱼就满嘴流口水。不过通常鲸是吃不到沙丁鱼的。二者一旦遭遇，聪明的沙丁鱼就会拼命朝海岸或者浅水区游。鲸开始的时候还没察觉到危险，于是奋力追击沙丁鱼。可越追越觉得不对劲。后来才恍然大悟，要是再追下去，到了浅水区鲸就有被搁浅的危险。为了几条小小的沙丁鱼把自个儿命丢了，不值得。所以，聪明的小沙丁鱼经常逃到浅水区以躲避鲸的攻击。

浪尖儿上的鱼

●沙丁鱼也能成海豚

菲律宾人曾在水下拍到过一副壮观的场景，一大群沙丁鱼一个挨着一个，组成了长达20多米的海豚的样子。这只"大海豚"由一万多条小沙丁鱼组成，一个个井然有序，伪装得惟妙惟肖。远远望去，就跟一只真的超大型海豚在海里游动一样。不得不佩服沙丁鱼的伪装术，它们所伪装的海豚，即便是真海豚见了，也会被沙丁鱼的智慧所折服。而沙丁鱼伪装成海豚的样子，也大大避免了大型生物对它们的伤害。

动物原来是这样

●危难当头大家抱成一团

沙丁鱼因为个头小，数量多，经常遭到鲨鱼或者海豚的偷袭。每当此时，几百万只沙丁鱼会迅速抱团成一个大球型，一层连着一层，一层套着一层，组成一个强大的防御体系。这样的防御体系，大到足以改变海水的流动。而鲨鱼或者海豚见到如此状观的景象，也不敢轻易进攻，贸然行动不仅会白白浪费体力，更重要的是这样的防守体系对进攻者来说实在危险。有人估计，如果鲨鱼贸然冲击沙丁鱼群，一个冲锋过去，鲨鱼也许就只剩下一具骨架了。

浪尖儿上的鱼

动物档案

金　鱼

类目：鲤形目鲤科

体长：5~10厘米

表演杂技的小明星

金鱼的颜色有红、橙、紫、蓝、墨、银白、五花等多种，色彩绚丽，在水中自由自在地游玩，姿态优美，深得人们的喜爱。金鱼是一种杂食性鱼类。它生长发育、色彩鲜艳程度都与食物有着很大的关联，如果每天喂它一些新鲜的昆虫，金鱼会变得越来越美丽。

●表演杂技我在行

金鱼在人们的操控下，能够表演多种特技。比如，它会表演钻各种各样的小水洞；它会按照训练师的指令，穿梭于各个水洞之间。此外，它还会"听"指挥站队。在训练师的引导下，一群小金鱼像受了专业训练一般，排成各种特定的队列或是图形，其反应之迅速，绝不亚于美国海军陆战队。正因如此，金鱼成为了鱼类中的杂技明星。

●记忆能力相当惊人

金鱼的记忆能力也相当惊人。水箱里的金鱼，在喂养几天之后，它们就能记住喂食的时间和地点。每天一到喂食点，这群小家伙就会像幼儿园的小朋友一样开始"排排坐分糖果"了，不过它们等待的可是填饱肚子的美食哟。这还不算，随着次数的增多，金鱼们的反应速度也会越来越快。到了最高级别，按时按点到"食堂"去进餐已经成为一种条件反射。时间一到，大家就到"食堂"进餐去喽！

动物原来是这样

● 为了吃，我们冷静分析

有人曾做过试探金鱼聪明程度的实验：他们选择每天在三个不同的地方给金鱼喂食，而且这三个地方严格按照一定的先后顺序。喂养几天后，人们又将喂养地点的顺序颠倒，只见那些小金鱼还是按惯性思维去第一个地点找吃的："呜呜，怎么没吃的啊，这是要饿死我们啊！"

不一会儿，小金鱼们就会主动游向下一个喂食地点："怎么还没有，是不是在那个地方呢？"小金鱼们又会游向第三个喂食地点："哈哈，总算找到了！开饭！"

● 最记仇的小鱼

有些人总是好了伤疤忘了疼，可小小的金鱼却对伤害过自己的敌人记得格外清楚。哪怕是一种非常陌生的生物，只要袭击过它们一次，它们就会将敌人的那张脸记得清清楚楚。以后再遇见敌人，金鱼会躲开。这个记仇的过程甚至可以长达数年。报道说曾经有一条小金鱼不幸被骗，上了一个渔人的鱼钩。一年后，人们将鱼钩放在这条金鱼的面前，它还是会以最快的速度逃离开。

浪尖儿上的鱼

动物档案

红鲫鱼

类目：辐鳍鱼纲鲤形目鲤科

体长：11厘米左右

不挑食的红色鲫鱼

红鲫鱼又叫做"金鲫鱼"，体色主要有红白相间、火红等，是普通鲫鱼变种之后的一个新品种，在金鱼中为古老的一个品种。是非常受欢迎的观赏鱼之一。

● 为了生存，从不挑食

为了能够吃饱，顺利地生存下来，红鲫鱼从来都不挑食，有什么就吃什么。成年鲫鱼主要以植物性食料为主，主要是因为植物性饲料在水体中蕴藏丰富，品种繁多，这样就不用担心食物的来源问题啦！不管是维管束水草的茎、叶、芽和果实，还是硅藻以及一些状藻类，或是小虾、蚯蚓、幼螺、昆虫，都可以是鲫鱼赖以生存的食物。不挑食才能健健康康地长大嘛！

● 结伴而行，生活更有趣味

为了给生活增加一些趣味，鲫鱼就选择群集而行。但是，与很多比较大的鱼类不同的是，鲫鱼喜欢聚集在一起。尤其是在春季或者夏初，正处于鲫鱼家族繁衍生息的重要时刻，大家团结起来才能更好地保护下一代，让它们更好地生存下来。结伴而行还有利于发现敌人后能迅速逃跑。"团结就是力量"也是鲫鱼的生存法则呢！

动物原来是这样

● 反复考察，找寻栖息之所

为了能够更好地获得食物，鲫鱼选在较浅的水域活动、觅食，尤其是水生植物丛，更是鲫鱼的集中地。因为经过鲫鱼们的反复考察之后，它们发现在这里能够获得更多的食物，这样它们食物的来源就不担心了，何乐而不为呢！

浪尖儿上的鱼

动物档案

神仙鱼

类目：辐鳍鱼纲鲈形目丽鱼科

体长：10～15厘米

夫妻恩爱的和平鱼

神仙鱼游姿优美，体态高雅，虽然它不具有美丽的色彩，但却受到水族爱好者们的强烈追捧。神仙鱼已经成为了热带鱼的代名词，只要提及热带鱼，人们往往第一联想到这种在水草中自由穿梭的神仙鱼。

● 水箱里的和事佬

神仙鱼有着极其聪明的处事智慧，见到比自己个头大的鱼类，它们会显得极为谦卑。所谓伸手不打笑脸人，大鱼也就不好意思去欺负它们了。它们也不会去欺负小鱼，这样小鱼们也乐意和它们接触。它们不断调解着和大鱼、小鱼之间的关系，让整个鱼缸显得极为和平，使主人省心了不少。

● 照顾孩子无微不至

当它们的孩子还只是鱼卵的时候，神仙鱼就承担起父母的职责共同守护"爱情的结晶"。为了保证小鱼们有足够的氧气，它们会不辞劳苦地在鱼卵附近轮流用胸鳍扇动着水流。当一些鱼卵发生病变，为了确保其余小鱼的安全，它们会立即将病卵啄食。当小鱼孵化成功的时候，它们依旧时刻保持着警惕，时时关注着，看看周围有没有危险。等小鱼再大一些带出去活动时，它们依然随行保护，对小鱼照顾得无微不至。

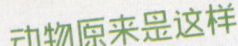
动物原来是这样

● 为了爱情舍弃友情

　　神仙鱼十分崇尚自由恋爱。一旦双方互相表明心意之后，为了拥有一个"二鱼世界"，它们会迅速脱离大部队，进行自己的浪漫之旅。它们十分恩爱，会一起寻找食物，在一点一滴中培养双方的默契。

● 遇到危险，装死

　　如果家中养了神仙鱼，你可以尝试着将手伸进鱼缸里去逗一下神仙鱼，你会发现它们就像触了电一样，"嗖"地一下"撞"在鱼缸壁上，身子能贴在鱼缸上几个小时一动不动。你会担心它们是不是用力过猛撞死在鱼缸上了。再观察一会儿，神仙鱼感觉危险解除了，就一点点地从鱼缸上"掉"下来，缓了缓神又欢快地游了起来。其

浪尖儿上的鱼

实它们一动不动，只是在装死，一旦确认没有危险，就会恢复常态。

● 时刻保护妻子的好丈夫

假如水箱里除了神仙鱼夫妻，还有其它凶恶的鱼类，雄性神仙鱼会每天都保持着高度的警觉性。为了防止自己的"妻子"被其它鱼类欺负，无论雌性神仙鱼上哪去，雄性神仙鱼都会跟随在左右，可以称得上是"绝版好丈夫"了。

动物原来是这样

动物档案

老鼠鱼

类目：辐鳍鱼纲鲶目甲鲶亚科

体长：10～30厘米

注重亲情的家族

老鼠鱼的眼球呈红色，头较尖，唇前有须，酷似老鼠。它的胸鳍和背鳍的第一鳍条为硬棘，主要用来保护自己。老鼠鱼的肠后端血管丰富，可以呼吸水面上的空气。吻端较长，有三对吻须，可以帮助它们寻找食物。

● 我虽懒但很舒服

老鼠鱼本来是很勤快的鱼种，但是，自从被养在鱼缸里面，知道自己不需要主动捕食也能够饱尝美味后，它们变了。既然不用再为生存忙碌，谁还想干活？因此，老鼠鱼就开始了懒散的生活。它们整天只是卧倒在柔软的水草叶上，什么活也不干。只有当实在是缺乏氧气的时候，它们才会尽自己最快的速度，游到水面，大口大口地呼吸。等到身体恢复如初、氧气吸收得足够多的时候，它们再懒洋洋地回到水下，继续自在地躺在水草叶上，一动也不想动。

浪尖儿上的鱼

●雌鱼总揽生子大事

鱼类一般都是雄鱼在产卵过程中承担着主要角色,但是老鼠鱼不同。无论是交配还是产卵,都由雌老鼠鱼占主导地位。进入产卵期的时候,找到了配对的雄老鼠鱼,雌老鼠鱼会用口将雄老鼠鱼的精液吸出,含在口中。雌老鼠鱼将身上的两片腹鳍合并在一起紧紧夹住自己产下的鱼卵,缓慢地游动,尽自己最大的努力不让鱼卵掉下,直到找到合适的位置,雌老鼠鱼才会将两片腹鳍打开,小心翼翼地放下鱼卵,然后再上前,将口里的精液吐在鱼卵身上,这才完成了产卵的全过程,十分艰辛。

动物原来是这样

南美后臀丽鱼

类目：鲈形目慈鲷科

体长：18～23厘米

水里的穿山甲

雄性南美后臀丽鱼的身材更加魁梧，有宽大的背鳍、臀鳍与腹鳍，加上艳丽亮点的体色，绝对是慈鲷爱好者进阶挑战的另一个目标。

● 遇到敌人掩埋自己

　　南美后臀丽鱼凭借自己善于钻沙的特性，只要发现有不怀好意的敌人朝自己游过来，就会猛地扑倒在沙子上，嘴巴和尾巴同时用力，就像一个铲子一般，将沙子铲在自己的身体上，把自己掩埋得严严实实的，只露出两只小眼睛，观察敌人的动静。等敌人离开之后，它们再缓缓抖落身上的沙子，继续悠闲地散步。

● 沙衣，孩子的双重保护

　　南美后臀丽鱼自有一套育儿秘籍。它们会不断地用自己的小嘴，从沙子堆中衔起大小适中的沙子，将其均匀地包裹在黏性极强的鱼卵之上。这仿佛给孩子穿上了一层沙子做成的厚重外衣，使已经很沉的卵粒因为裹满沙粒变得更沉，让鱼卵在激流之中保持一动不动的姿态，避免了被激流无情冲走使得家人离散的情况发生。同时这层沙衣也起到了伪装的作用，可以避免其它的鱼类前来捕食鱼卵。

● 运动，运动，瘦出身材

　　南美后臀丽鱼在水底生存，需要有敏捷的速度，但是它们却又是

浪尖儿上的鱼

"吃货",为了避免身体过胖,它们总是在水底突然快速游动,就像是兴致来了要去抢锦标一般,以此来锻炼身体。同时为了加大减肥的力度,它们还花大量的时间用它们强健的腹鳍,摆出俯卧撑的姿势,并且不断绕着圈做着滑稽的跳跃动作,只求自己的体重能够减下来,可以游动得更快,从而保证生命安全。

● 热舞之后进洞房

南美后臀丽鱼雄雌鱼之间的求爱相当霸气,它们会将其它的鱼类赶回老窝中。一旦双方看对眼,它们的鳃盖膜就会透出火红色,连着身体也变得鲜艳起来,显得极为热烈。双方用头顶住石头的一点,然后整个躯体开始极具节奏地疯狂地摆动,像一种极为狂野的舞蹈,热情似火。舞蹈结束,发现对方可以跟上自己的步伐,它们才会选择进入婚姻的殿堂。

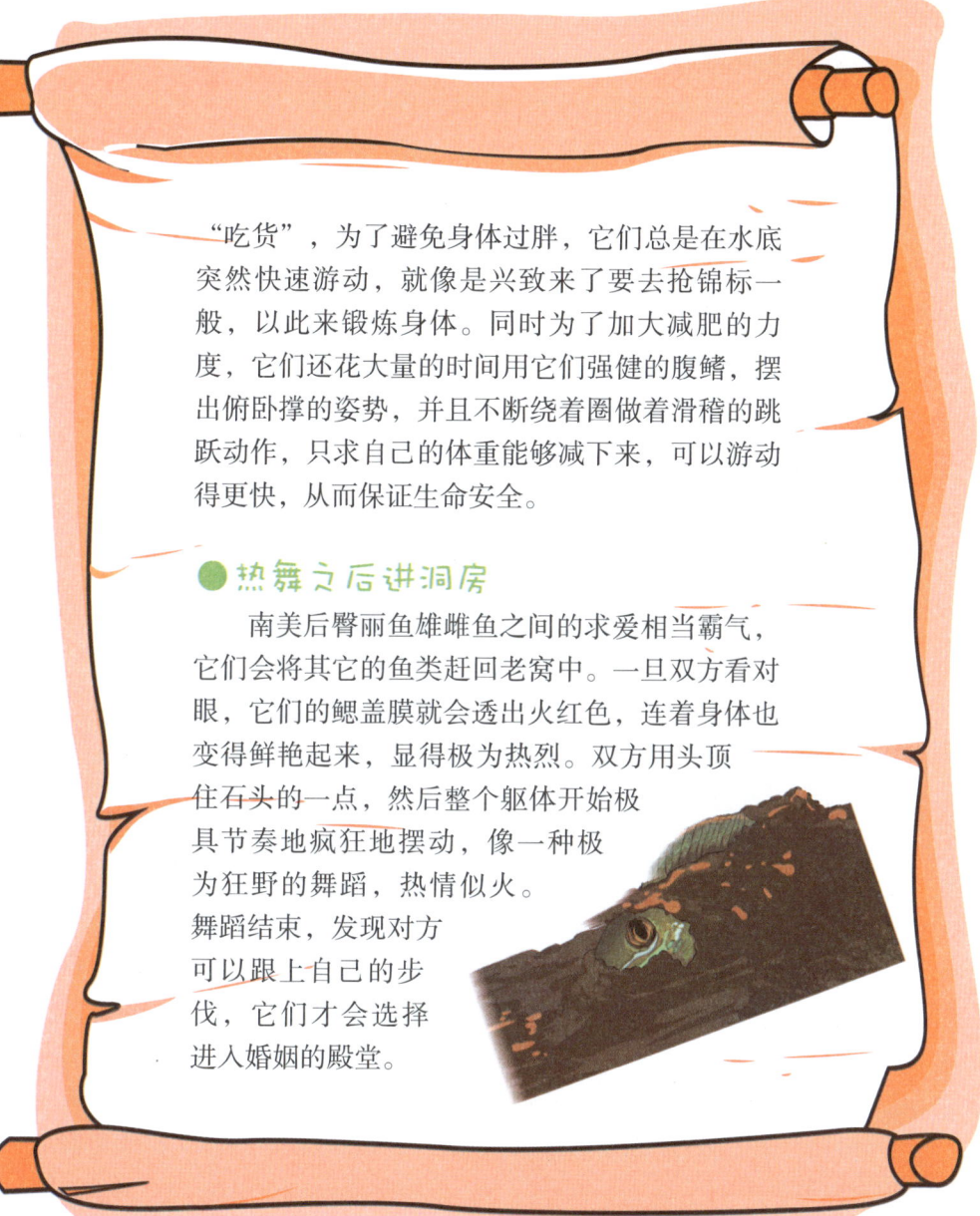

动物档案

灰黄拟丽鱼

类目：鲈形目丽鱼科

体长：9厘米左右

会女扮男装的霸道者

灰黄拟丽鱼的体色为黄色、灰色，鱼体上有直条纹。它栖息在热带淡水湖泊富沉积物的岩石区底层，深度7~20米。它属于杂食性鱼类，主要以开阔水体中的浮游生物和生长在岩石上的藻类为食。灰黄拟丽鱼非常凶悍，对其它的鱼类非常排斥，严重时会对其它他鱼类进行攻击。

● 闯入我的领土就开打

灰黄拟丽鱼中的雄鱼异常霸道，它们经常在水底的岩石边转悠。一旦看上了某块岩石，就会把它据为己有，专门守在岩石周围猎食，并且将这块区域作为自己的专属领地，不许任何鱼入侵。一旦发现入侵者，它们就会爆发出自己的血性来，展开猛烈的攻击，直到入侵者自己败走，它们才会罢休！

● 打击外来者

喜欢养灰黄拟丽鱼的人都知道，灰黄拟丽鱼有一个特点，它们只欺负新来的鱼类。它们对同窝一起长大的雄鱼和雌鱼十分友好，可只要有新成员加入，它们都要欺负一遍。看你不顺眼随便打你几下，那都是小意思，要是再不满，它们就会选择猎杀的凶狠手段。当面对同一种族但是没有血缘关系的鱼类，它们则是显出排斥的态度，毫不留情，照打不误！

浪尖儿上的鱼

● 女扮男装就是爽啊

灰黄拟丽鱼之中的雄鱼凶狠是出了名的,因此其它的鱼类看到雄灰黄拟丽鱼出现就会退避三舍。然而,其它鱼类对待雌灰黄拟丽鱼就没有那么恭敬了。因此,当处于产卵期,雌鱼会改变自己的体色,转变成雄鱼的鲜艳色彩,这使它们看上去就像是凶猛的雄鱼一样,其它鱼类一看到那鲜艳的颜色,马上跑个无影无踪,将栖息空间都让给它。装成雄鱼的样子吓唬其它的鱼类,这么聪明的办法亏它想得出来。

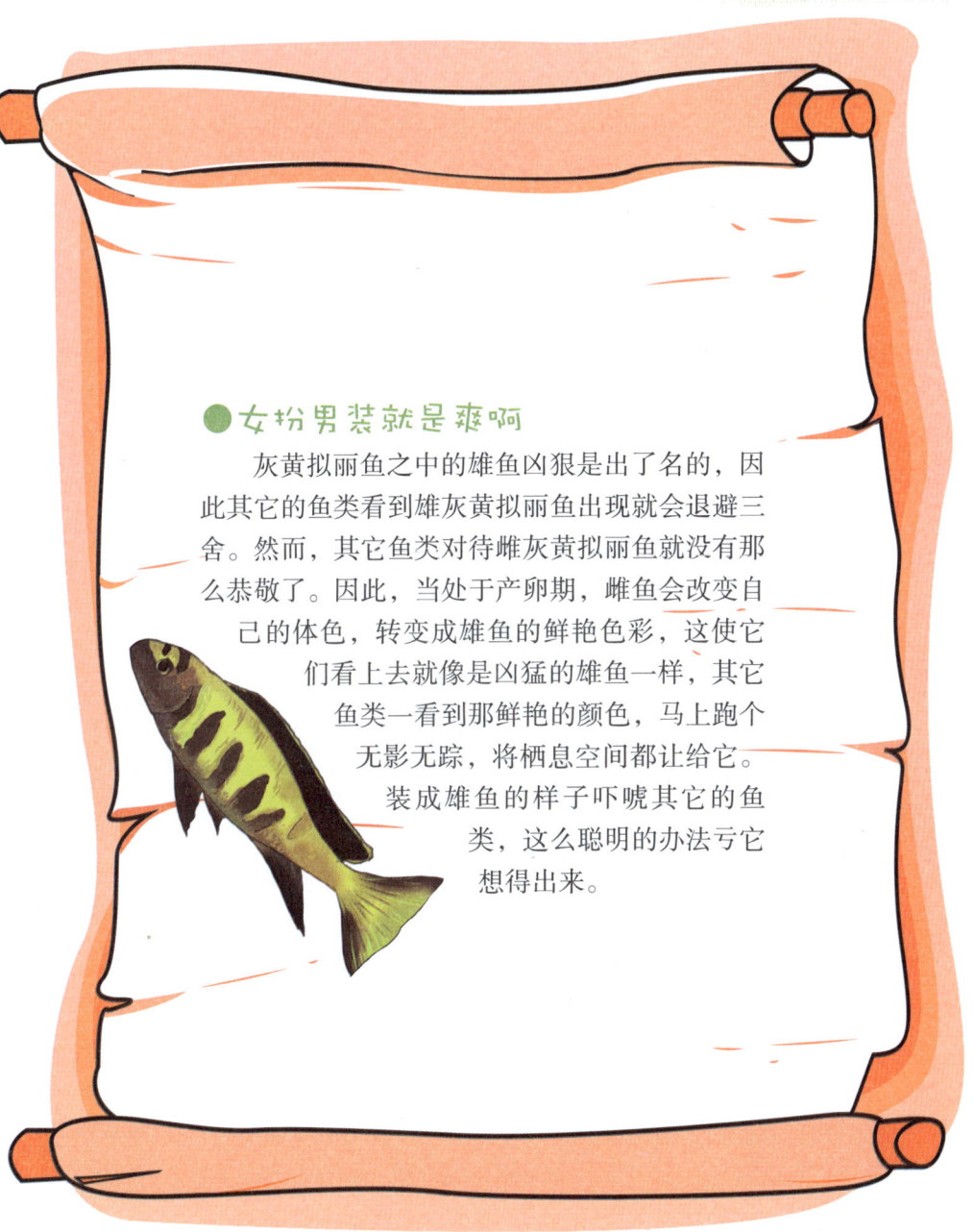

动物原来是这样

动物档案

红尾皇冠鱼

类目：鲈形目慈鲷科

体长：13～25厘米

极富爱心的父母

红尾皇冠鱼的全身为金属蓝，背鳍、臀鳍和尾鳍有一层鲜明的红边，与金属蓝交相呼应，非常漂亮。红尾皇冠的成年雄鱼的额头突起，有一个暗红色的肉瘤，像皇冠一样，充满了霸气。雌鱼的腹部膨大。

● 凶神恶煞与温文尔雅的双面鱼

红尾皇冠鱼有一个特点，那就是雄鱼会对同一种族、同一性别的鱼抱有极大的敌意。一旦发现同族的雄鱼进入自己的地盘，它们就会不计后果地进攻，直到把对方打趴下为止。然而，对于其它的鱼类，它们又会显得温文尔雅，抱着和平共处的理念。当其它的鱼类误闯入它们的领地，它们就当作没看到，继续干自己的事情。而且，它们经常游到其它鱼类中间，显示出自己的热情。不是同类，就不会和自己产生直接的利益冲突，还能为自己创造良好的生存环境。卖衣服的不会恨卖煎饼的，就是这个道理。

● 分工合作，共筑爱巢

繁殖期到来之后，脱离群体的雌鱼在得到雄鱼的求爱后，双方会寻找适合生育的地点，然后就开始分工合作了。雌鱼负责新家的建设工作，用自己的嘴来挖掘沙石。而雄鱼负责安保工作，主要是当"妻子"的"护花使者"，它们会围绕在雌鱼的身边，一旦发现入侵者，就用武力将其赶走。等到危险解除之后，雄鱼还会帮助雌鱼挖掘沙石。夫妻一起努力筑造"新房"。

浪尖儿上的鱼

●夫妻合力看护宝宝

红尾皇冠鱼十分爱护自己的下一代，它们会尽自己的最大努力来呵护孩子。鱼卵产下后，它们会在鱼卵附近不断用鱼鳍搅动水流，来给鱼卵提供氧气。鱼爸爸和鱼妈妈还会观察自己的孩子，一旦发现没有受精的鱼卵，就立马将其吞食，以免腐败，影响周边小鱼子的健康。小鱼孵化出来之后，红尾皇冠鱼依旧对小鱼寸步不离。

动物原来是这样

斗　鱼

类目：鲈形目斗鱼科

体长：5～10厘米

爱护幼子的格斗家

斗鱼的颜色鲜艳，有白身红鳍或黄身红鳍，鱼体和鱼鳍的颜色分明。它的身上覆盖有黑色或蓝色的斑块。斗鱼亮丽凶猛，姿态威武，战斗力强。斗鱼以昆虫、藻类为食。最受人们欢迎的斗鱼品种为橄榄色斗鱼，鳞片闪闪发光，体型修长，战斗力特别强。

● 为夺新娘大打出手

从它们的名字就看得出，这种鱼的脾气可不怎么好。它们喜欢争强好胜，尤其在求偶的时候。为了争夺同一个新娘，两条雄斗鱼会展开一场激烈的拳击赛。比赛的双方一般只会用胸鳍与对方搏斗，我给你一巴掌，你扇我一耳光。有的打不过对手时还会用嘴去咬对方的尾鳍。胜利者往往能得到雌鱼的芳心，失败者不但不能抱得美人归，而且还会落得伤痕累累。

● 敢拒绝我？整死你

雄斗鱼的自尊心是非常强的，它们在追求雌鱼的时候，会向雌鱼百般献媚。它们将腰板挺得直直的，体色也调得亮亮的，围着雌鱼转来转去。因为过于激动，雄斗鱼的身体还会不住地抖动。倘若雌鱼拒绝了雄鱼的追求，雄鱼就会恼羞成怒，追着雌鱼打。"我这忙乎半天，你以为遛狗呢！"雄鱼会对雌鱼紧追不舍，直到雌鱼被吓得跳出水面逃脱为止。"哼！看不上我拉倒，我找别的姑娘去！"

浪尖儿上的鱼

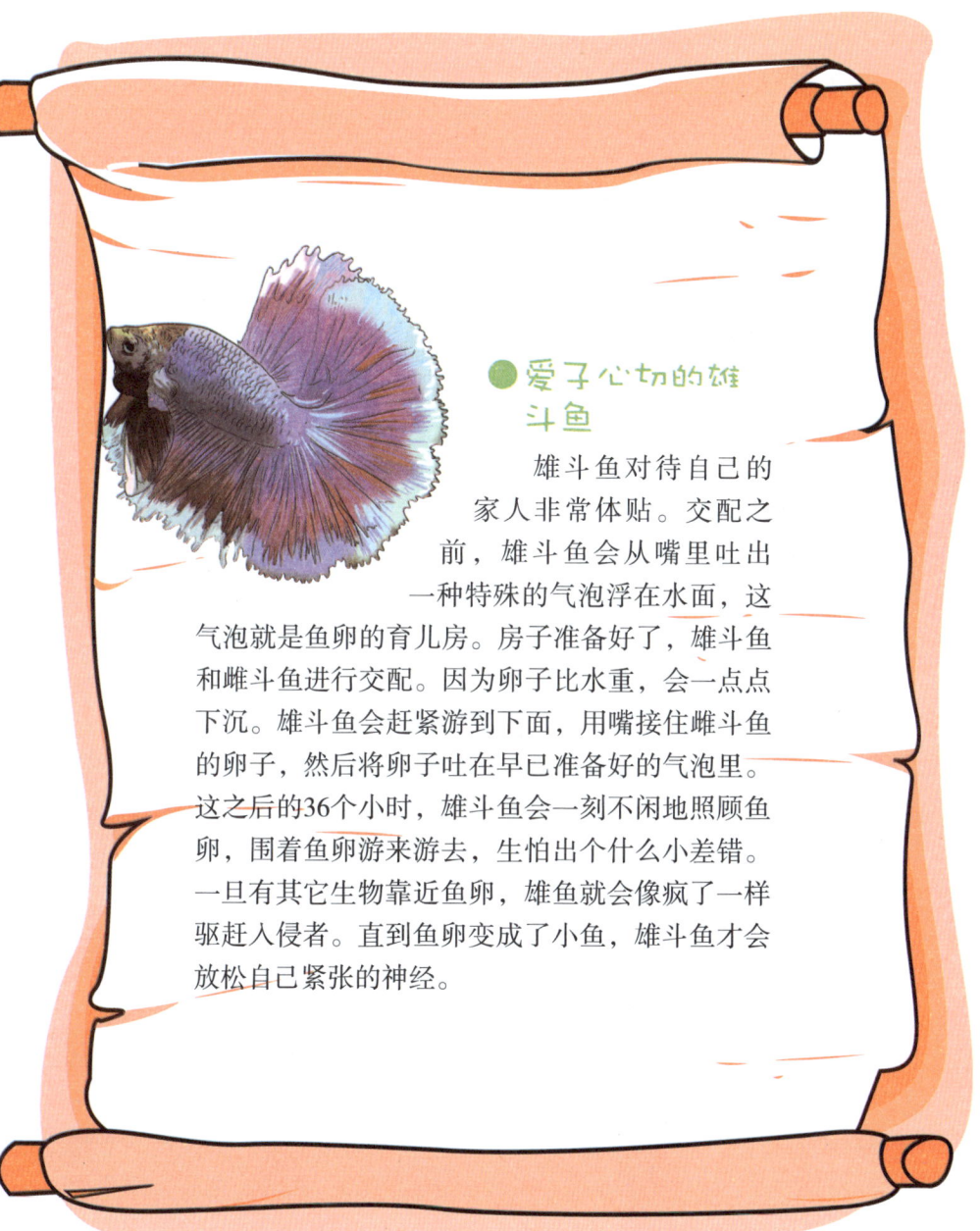

● 爱子心切的雄斗鱼

雄斗鱼对待自己的家人非常体贴。交配之前，雄斗鱼会从嘴里吐出一种特殊的气泡浮在水面，这气泡就是鱼卵的育儿房。房子准备好了，雄斗鱼和雌斗鱼进行交配。因为卵子比水重，会一点点下沉。雄斗鱼会赶紧游到下面，用嘴接住雌斗鱼的卵子，然后将卵子吐在早已准备好的气泡里。这之后的36个小时，雄斗鱼会一刻不闲地照顾鱼卵，围着鱼卵游来游去，生怕出个什么小差错。一旦有其它生物靠近鱼卵，雄鱼就会像疯了一样驱赶入侵者。直到鱼卵变成了小鱼，雄斗鱼才会放松自己紧张的神经。

动物原来是这样

麒麟鱼

类目：目前还没有明确分类哦
体长：10厘米左右

见机行事的原配

麒麟鱼凭借自身黄色、橙色、蓝色的底纹打造的靓丽外表，成为了水族爱好者的宠儿。世界上，体内拥有蓝色素的动物只有两种，麒麟鱼就是其中之一。当然，世界上呈蓝色的鱼类还有很多，但是它们的体色来自成堆的扁平细薄反射晶体形成的波型，并不是像麒麟鱼那样依靠细胞色素。

● 为了下一代，雌鱼懂得优生优育

雄性麒麟鱼求偶时，会在雌鱼面前尽情地展示自己靓丽的体色。它又是跳啊，又是游啊，恨不得将自己的所有优点全亮给雌鱼姑娘看。可雌鱼姑娘好像并不怎么领情。雌鱼的择夫标准是看哪条雄鱼长得壮，而不是看它长得好不好看。长得好看有啥用，见了敌人能让敌人不吃你吗？只有长得壮，才能优生优育。只有优生优育，我们的孩子才能更强大。

● 雄鱼失恋不气馁

体色鲜艳的雄麒麟鱼，被体格强壮的第三者插足了，雌鱼跟着第三者远去准备交配。可这位失败者并不会气馁，它会在后面悄悄地跟着这对新情侣，观察它们的一举一动。当那对情侣进行到关键的受精阶段时，这位失败者会像超人一样突然游过去，试图抢在那条雄鱼之前将自己的精子和雌鱼的卵子结合。一旦成功，即便被那雄鱼K一顿也

浪尖儿上的鱼

无所谓，反正已经成了这些小生命的亲爸爸。可如果失败，那两口子会联合起来对它进行打击报复："让你小子再钻空儿！"

● 喜欢研究猎物习性

麒麟鱼有些习性和鸟类非常相似。当它们捕捉到猎物时，并不急着马上吃，而是围着猎物转转悠悠，一会碰一下猎物的身体，一会推一下猎物的硬壳，而且它们经常一动不动地看着猎物的一举一动，仔仔细细地观察猎物的行为。其实这就是一个学习的过程。通过对猎物的观察研究，麒麟鱼能更加了解猎物们的生态行为，从而为日后的捕猎行动积累经验，这与猫咪玩弄老鼠有着异曲同工之妙。毕竟，这种聪明好学的精神也是非常难能可贵的嘛。

动物原来是这样

动物档案

太平洋鲱鱼

类目：鲱形目鲱科

体长：25～35厘米

拒绝"一个人"的感性鱼族

太平洋鲱鱼的身体呈流线型，线条优美，体色鲜艳，身体的两侧发出银色的闪光，背部为深蓝色。太平洋鲱鱼经常成群结队出没，主要以浮游甲壳类动物、鱼的幼体等为食。太平洋鲱鱼的数量非常多，而且无孔不入，只要有它们在，整个海洋都可以成为它们的捕食场。

● 既壮观又省力的交配

太平洋鲱鱼的交配方式可壮观了。太平洋鲱鱼鱼群按照雌雄分成两拨，雌鱼群在前带路，雄鱼群则在雌鱼群的后面。雌鱼所到之处洒满了鱼卵，几乎将水染成了白色。雄鱼群踏着雌鱼群的足迹游过去，将自己的精子洒在鱼卵上。鱼卵变成受精卵，这个过程很快，几乎就是几秒钟的时间，真是既壮观又省力的交配啊。不过有个小问题，它们永远都不会知道谁是自己的亲生孩子。

● 全方位立体色配合逃生法

太平洋鲱鱼们知道个体的力量是非常有限的，所以它们几乎从不脱离群体。太平洋鲱鱼群捕食时，那阵势足以媲美诺曼底登陆。那些天敌们本来打算饱餐一顿的，眼见着这么一大群小鱼，根本无法确定具体该攻击谁。再加上太平洋鲱鱼那一身的银色，一个接着一个，早就将天敌的眼都给晃晕了。即便有些大胆的天敌冲入太平洋鲱鱼群猎食，如此庞大的团队足以让大多数的太平洋鲱鱼活下来。

浪尖儿上的鱼

●天生就不喜欢孤单一人的生活

鲱鱼与人类一样也是有感情的。比如将一条鲱鱼单独圈养在水箱里，那么本来天性好动的鲱鱼，会变得闷闷不乐，不吃不喝。也许鲱鱼的主人会以为它们是因为失去了自由才郁闷的。其实不然。如果在水箱里再放进一条鲱鱼，那原来的鲱鱼就立马来了精神，也能吃了，也能玩了，和自己的鲱鱼兄弟玩得可开心了。鲱鱼就喜欢和自己的伙伴待在一起，如果没有了伙伴，相当多的鲱鱼都会郁闷而死。

动物原来是这样

动物档案

反 游 猫

类目：鲇形目鲿科

体长：5～40厘米

为异性献舞的小鱼

反游猫的体色为棕色，全身布满斑点。反游猫主要分为两种：河川型与湖泊型。河川型反游猫对水质的要求低，湖泊型反游猫对水质的要求高。反游猫以藻类、水草、小鱼和昆虫等为食，什么都吃，属杂食性鱼类。

● 我咬，咬得你们皮开肉绽

反游猫的性格特别粗暴，所以它们经常与同类闹矛盾。矛盾一来，两条鱼就厮打起来。它们厮打的时候会引来一些旁观者，打了败仗的一方会恼羞成怒，逮着旁边围观的鱼进行攻击。围观的鱼也不相让，打了败仗的反游猫急了，就用口中的细齿咬对方，反反复复，直到将围观的鱼儿咬得皮破血流，它们才心满意足，解了心头恨。

● 以舞姿吸引异性

反游猫特别漂亮，体表就像布满星星的夜空，美得令人陶醉，而且游动的姿态也特别美妙。雄反游猫见到自己心爱的"姑娘"，就会穷追不舍，围着它跳舞，不停地变换着姿态，展露它最具魅力的一面。被它追的"姑娘"要么会因为它的外表而迷恋上它，要么会在它跳完舞后彻底地迷上它。有时候，"姑娘"们还会跟着雄反游猫的舞步翩翩起舞呢。

浪尖儿上的鱼

●狡猾的一家人

有些种类的反游猫会在产卵的季节，请口孵性慈鲷代为孵化。在口孵性慈鲷口中，最先孵化出来的反游猫幼鱼因为饥饿，就会去吞食尚未孵化的慈鲷鱼卵维持生存。等长到了一定的程度，反游猫幼鱼便会从慈鲷嘴里游出去，但是等它们离去的时候，慈鲷口中的鱼卵已经被这些家伙吃得差不多了。狡猾的父母，狡猾的孩子，真是忘恩负义啊。

动物原来是这样

淡 水 鳗

类目：鳗鲡目鳗鲡科

体长：6厘米左右

善结防守阵形的鱼

淡水鳗在海中产卵，在淡水河中长大，每年春天，大批的幼鳗成群结队地从大海进入江河。淡水鳗的幼鱼头小，薄而透明，像叶子一样，所以幼鱼被称为柳叶鱼。淡水鳗性情凶猛，昼伏夜出，喜欢在温暖的流水水体中生活。

● 适应不同的水质，以此躲避追杀

淡水鳗知道自己的防御能力不怎么强，所以它们并不会在一个地方老老实实待着。它们通过频繁地搬挪栖息地来躲避追杀，这种本领可不是任何一种动物都具备的。淡水鳗可以调节自己的肾脏以适应不同的水质，将其对身体的伤害减小到最低。所以，不管是怎样的水质，它们照样可以在其中自由穿梭，这也是它们的老祖宗多年来与天敌斗争所积累下的经验与智慧。

● "树挪死，鱼挪活"

当水质发生了变化，聪明的淡水鳗会敏锐地察觉到，然后，举家搬迁。白天它们会忍着，免得天敌发现自己。到了晚上，等其它鱼都休息了，淡水鳗群就开始井然有序地朝着另一个水域慢慢地行进。"树挪死，鱼挪活。"历尽千辛万苦，它们也总能逃离这片已经变质的栖息地。

浪尖儿上的鱼

●令人眼晕的防守阵形

遭遇敌人袭击时,淡水鳗表现得非常镇定。它们知道以个体的力量是绝对无法逃脱敌人的魔爪的,所以淡水鳗会聚集在一起,组成一定大小的阵形来威慑敌人。看见淡水鳗的防守阵形,即便是再凶恶的敌人也会有点犹豫。趁着敌人犹豫的间隙,淡水鳗且战且退,彼此频繁地换位,对敌人的判断做出干扰。敌人本来瞄上了一条小鱼,可淡水鳗通过不断换位,敌人早就被晃晕了。到了最后,哪怕损失了几条淡水鳗,但至少庞大的团队还是保存了下来。

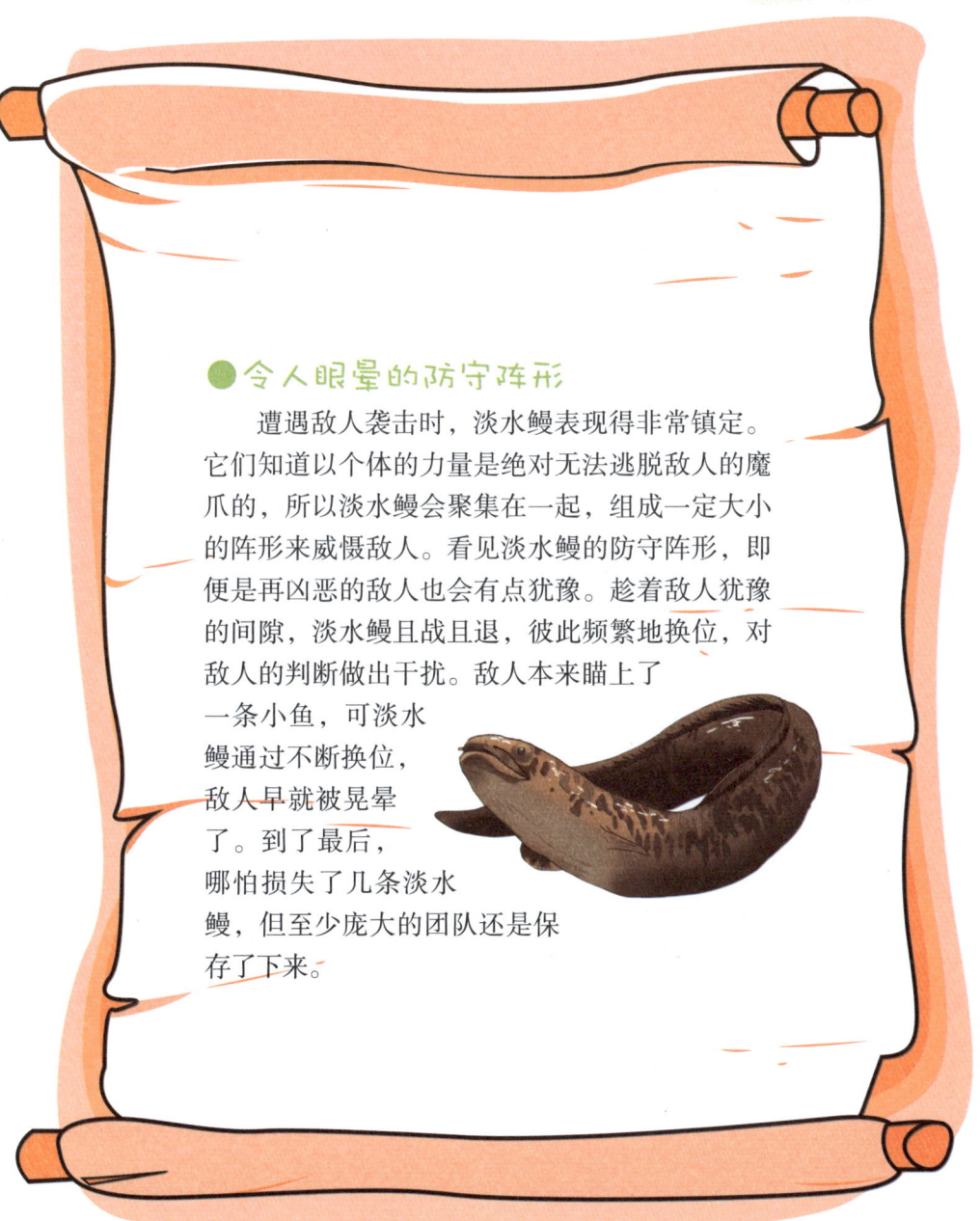

动物原来是这样

日本锦鲤

类目：鲤形目鲤科

体长：1～1.5米

会拍马屁的观赏鱼

日本锦鲤的鱼体俊秀，背高体阔，能够识别主人，可谓是美丽与智慧兼具。因此，日本锦鲤非常名贵，在日本的地位很高。体色不是一成不变的，会随着年龄和环境的变化而改变。寿命长，平均年龄能够达到70岁。挑选日本锦鲤要从骨架、色泽、花纹、泳姿和血统方面来看，才能挑选到最优的日本锦鲤。

● 有灵性，会拍马屁

日本锦鲤是个有灵性的家伙，很会拍马屁。主人下班回家后，因为一天没有见它们便先来巡视它们的情况，看看是否平安。这个时候，日本锦鲤就开始表现自己了。它们一看到主人靠近，就会跟着主人的步伐来回游走，还会将头部露出水面，跟主人讨亲热，就好像在对主人说："主人，您辛苦了。"主人一看它们这么可爱懂事，甭提多高兴了，所有烦心事一扫而光，马上给它们好吃的。

浪尖儿上的鱼

● 大气稳重的绅士

日本锦鲤十分稳重。在水族箱里，它们还会相互媲美。雄日本锦鲤遇到心爱的"姑娘"，先向对方展现自己俊秀的身材，对"姑娘"用温柔计。碰到抢亲的日本锦鲤，它们也显得很镇定，其实那是暗藏私心的，因为要在心爱的"姑娘"面前表现自己作为男人的大度嘛。

起初小锦鲤会被主人饲养在小鱼缸里。随着时间的增长，日本锦鲤长大了，空间也觉得太窄了，这时，它们感觉到很烦躁。于是在主人来看它们的时候，它们就会闷在缸底一动不动然后把身体蜷缩起来。聪明的主人一下就能从锦鲤的表现上看出它们的心思，便将它们挪到大一点的鱼缸里。等它们再长大再需要更大空间的时候，它们还会以这种方式提醒主人。

动物原来是这样

动物档案

虎　鱼

类目：辐鳍鱼纲鲈形目虎鱼科

体长：1～2米

体型最大的淡水食人鱼

虎鱼的长相十分恐怖，张开血盆大口，可以在瞬间将人吞食，简直比老虎还要可怕。基于此，我们一定要认清虎鱼的真面目。虎鱼，身体侧扁，头部扁平，体卵呈圆形、长形或者鳗形。眼睛不突出，且没有下眼睑。嘴巴大，两颌等长或者下颌、颏部突出，上、下颌牙参差排列，有时弯曲或平直。虎鱼广泛分布在除极地之外的海水与淡水水域，但是主要集中于印度-西太平洋暖水区域、大西洋中美洲沿岸。

● 风卷残云，顷刻一堆白骨

白蚁吃人的景象异常恐怖，虎鱼比白蚁还要吓人。尤其是那些头较小的虎鱼群，能在瞬间将人和落水的大型动物变成一堆白骨。吃食速度快并不是它们不怕消化不良，主要因为亚马孙河里到处都是猎物竞争者，经常和虎鱼争抢食物。所以在长期的较量中，虎鱼总结出一套对付竞争者的办法：吃得快，即便是撑着也不能把食物留给竞争者。曾有一辆旅游大巴不慎掉进虎鱼出没的河里，当救援队赶来时，车里二十几名乘客几乎全成了一具具白骨。

● 大家分享美食

遇到大型动物落水时，一群虎鱼会一拥而上。不过由于数量过多，难免会有些行动迟缓的虎鱼抢不着位置。不过，这些落后者会在后面等着。前面的虎鱼每咬一口就会腾开位置，这样既让猎物受了伤无法逃走，又可以让后面的同伴挤进来，大家一起享用。

浪尖儿上的鱼

●保持队形听命令

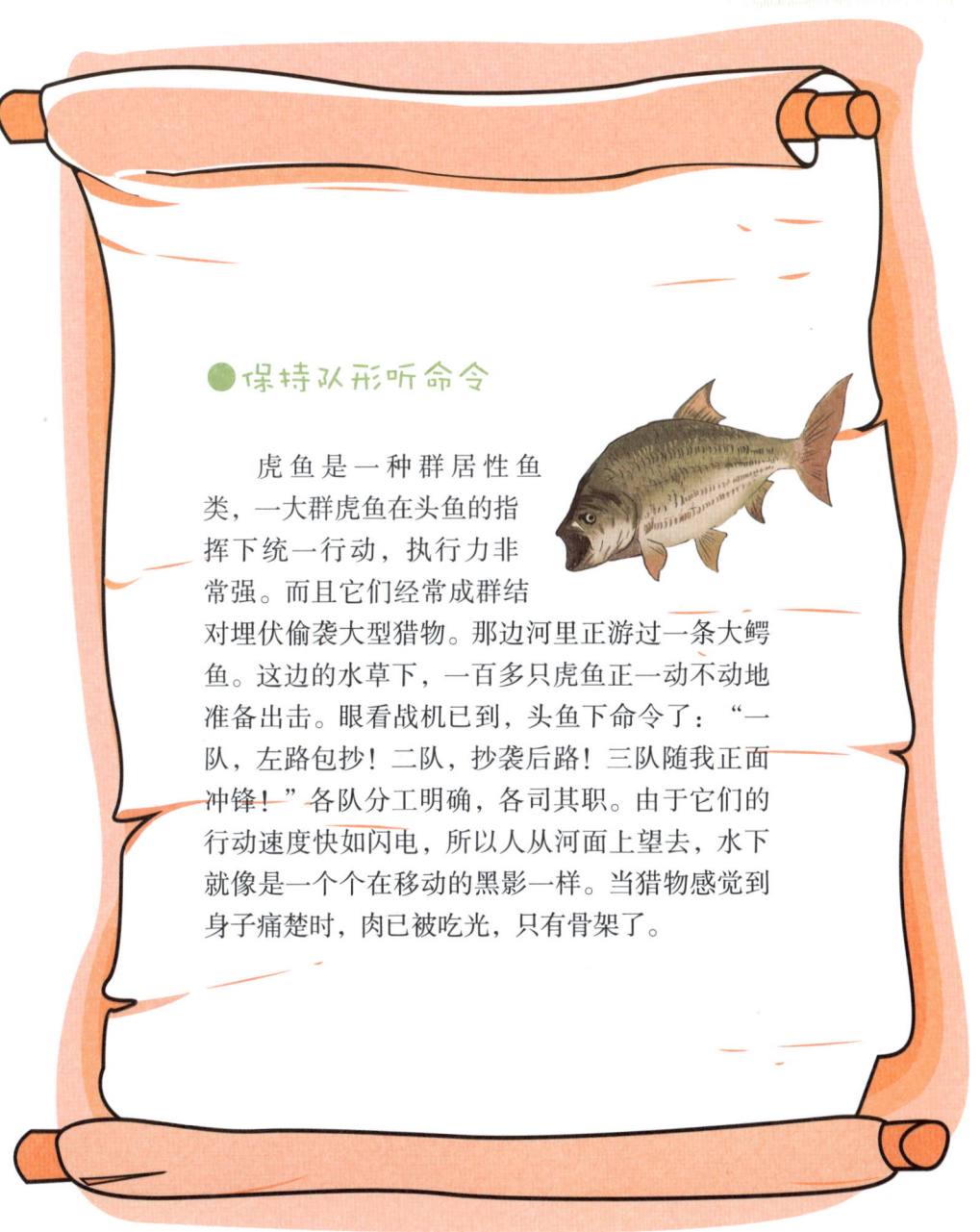

虎鱼是一种群居性鱼类，一大群虎鱼在头鱼的指挥下统一行动，执行力非常强。而且它们经常成群结对埋伏偷袭大型猎物。那边河里正游过一条大鳄鱼。这边的水草下，一百多只虎鱼正一动不动地准备出击。眼看战机已到，头鱼下命令了："一队，左路包抄！二队，抄袭后路！三队随我正面冲锋！"各队分工明确，各司其职。由于它们的行动速度快如闪电，所以人从河面上望去，水下就像是一个个在移动的黑影一样。当猎物感觉到身子痛楚时，肉已被吃光，只有骨架了。

动物原来是这样

动物档案

琵琶鱼

类目：硬骨鱼纲鮟鱇目鮟鱇科

体长：45~200厘米

死尸也能传宗接代的神奇鱼

琵琶鱼是一种生活在海洋中的体型怪异的鱼。它的体色从褐绿色到灰黑色，各有不同，而且体表还遍布杂色斑点。琵琶鱼的体侧扁平，头部较大，胸鳍与背鳍强大，背后还拖着一条犹如长鞭一样的尾巴。尾根与鱼身衔接的地方长着一排尖刺，刺尖中含有毒液。从鱼体的背面俯视，就像一把琵琶，因此称为"琵琶鱼"。

● 懒惰的丈夫

问：世界上谁的丈夫最懒惰？答：琵琶鱼的男人。琵琶鱼的男人能懒到什么程度呢？雄性琵琶鱼一出生，就赶紧去寻找一个雌性琵琶鱼。一旦见着异性，雄鱼也不管人家愿不愿意，上去就是一口咬住不放。至于咬在什么地方，雄鱼倒还真不是太在乎，或者是在背上，或者是在腹部，或者是在尾巴上。从此，雄鱼这辈子啥事都不干，靠吸食雌鱼的血液为生。天长地久和雌鱼的身体连在了一起，整日里靠着吃软饭过活，唯一的正事就是到了交配的日子和雌鱼传宗接代。虽然雄鱼这辈子活得过于安逸，但不得不承认，这也是一种生存智慧。

浪尖儿上的鱼

● 放"鱼饵"钓小鱼

琵琶鱼的头上有一根细长的"鱼竿","鱼竿"的末端还有一个形似小虫的肉质"鱼饵"。琵琶鱼整日里在海底爬行,一步三摇,摇头晃脑,骚首弄姿,把自己的鱼饵晃得跟个拨浪鼓一样,故意吸引那些贪吃的小鱼。有些小鱼看见琵琶鱼头上的"鱼饵",上去就是一口。可想而知,它们没吃到鱼饵,反而成了琵琶鱼的下酒菜。

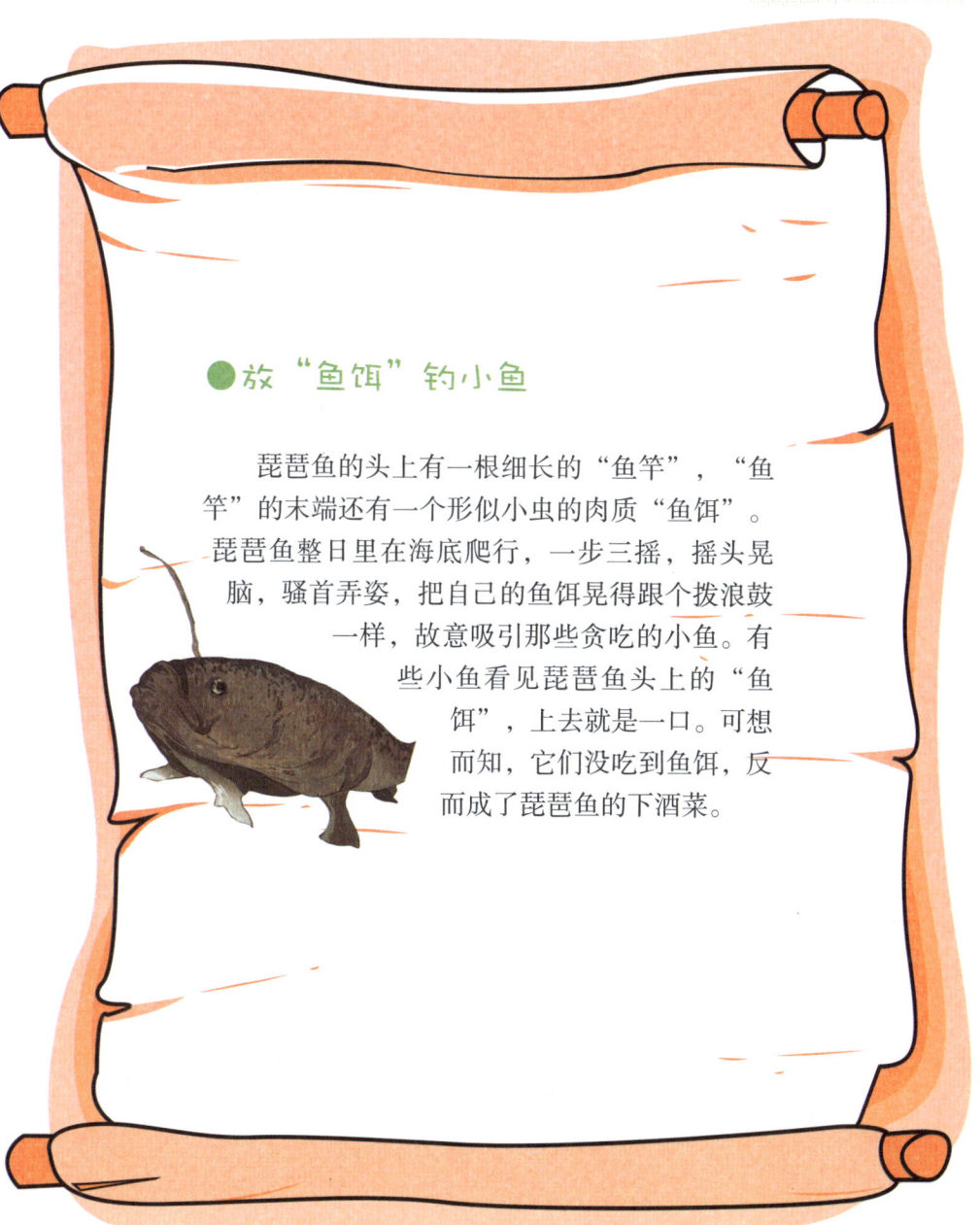

动物原来是这样

动物档案

燕鳐

类目：硬骨鱼纲颌针鱼目飞鱼科

体长：20~30厘米

鱼类里的飞翔专家

燕鳐的身体长且圆，类似于梭形。背部宽阔，两侧较平直至尾部逐渐变细，腹面十分狭小。头部小，吻部短，眼睛大，嘴巴小。胸鳍十分强壮，可以达到臀鳍末端；腹鳍宽大，一直到臀鳍末端。两鳍可以自由伸展，每一次舒展双鳍，便犹如蜻蜓的翅膀一般。燕鳐主要分布在我国的南海与东海南部海域，其中，海南岛东部与南部海区的数量最多。

● 我飞起来了，看你怎么抓我

燕鳐为什么能飞翔呢？其实这是一种非常高明的逃生手段。在水中遭遇敌害的袭击时，逃跑中的燕鳐就会跃出水面，短时间滑翔在空中，以此来躲避水中的危害。不过如果长时间将自己暴露在空中，又会遭遇海鸥的袭击，所以它们总是时而飞行，时而游泳。这种跳跃式的逃跑方式，能有效躲避来自海里和空中的双重危险。

● 海洋里的飞翔专家

燕鳐飞行前，首先要在水下作加速运动，当到达海平面时，尾巴会剧烈地拍打水面，利用加速度将自己的身体脱离水面。通常燕鳐能达到五六米的飞行高度，飞行速度也能达到每秒15米。如果赶上顺风的话，燕鳐每次可以滑行500米以上的距离。

浪尖儿上的鱼

● 打破海洋飞行记录

　　燕鳐的飞行记录是在日本名古屋创造的。2008年，日本电视台的工作人员拍到一段燕鳐飞行的视频短片。这段视频记录了一条燕鳐的整个飞翔过程，前后共持续了45秒钟，不明情况的人，还以为燕鳐是一种能飞翔的鸟类。这也是目前世界上最长的燕鳐飞行记录。水里游腻了，就得出来透透气。